电化学强化煤瓦斯解吸渗流基础理论

郭俊庆 著

煤炭工业出版社

·北 京·

内 容 提 要

本书主要内容包括电化学改变煤孔隙结构的多尺度测试与分析、电化学改变煤样裂隙结构的测试与机理分析、电化学改变煤表面特性及其机理分析、煤瓦斯解吸的块度效应及其强化效果研究、电化学强化煤瓦斯渗透性的试验与机理分析。

本书可供从事瓦斯抽采与煤层气开采方面的科研及工程技术人员参考，也可作为高等院校采矿专业高年级学生及教师的参考用书。

前 言

随着煤矿开采深度的增加和开采强度的加大，瓦斯灾害日益严重，成为制约我国煤矿安全高效开采的重要因素。加快煤矿瓦斯抽采利用，是推进煤炭科学开采的必然要求。但是我国矿井平均抽采率较低，主要原因是我国煤层经历了强烈构造运动，形成了低渗透性的高延性结构，且具有低压、低饱和与高变质程度的基本特征，导致瓦斯/煤层气钻孔抽采速度慢、抽采范围小和抽采率低。

当前，工程中提高煤层瓦斯抽采率的方法主要有开采解放层、布置高抽巷、密集钻孔法、水力化方法（包括水力冲孔、水力割缝和水压致裂等）、爆破致裂法和建造多分支水平井等。这些方法都是基于卸压原理解除应力屏障并使煤体产生变形，增大渗透性。但仅通过卸压使煤层瓦斯解吸与扩散是缓慢的，并且受条件限制。在非卸压方法方面，国内外也进行了大量探索，包括 CO_2 驱替，外加声场、电场、电磁场和温度场等物理场。这些方法是通过吸附竞争置换、声波振动、电动效应或热效应来促进瓦斯解吸和扩散，但对煤体渗透性的影响甚微。

本书是作者及其所在课题组近 10 年从事强化瓦斯解吸渗流研究工作的总结。书中基于课题组提出的电化学强化煤瓦斯解吸渗流探索性思路，系统研究了电化学强化无烟煤瓦斯解吸渗流特性及其机理，取得了预期效果。主要工作及取得的成果有：自主研制了电化学强化煤瓦斯解吸渗流试验装置，该装置填补了煤岩流体电动渗流试验装置的空白，基于电渗理论提出了电化学强化煤瓦斯解吸渗流试验方法，为模拟三轴应力下电渗驱动煤岩中液体流动并携带气体运移的研究提供了一种新的手段；完成了电化学改变煤孔裂隙结构的多尺度测试，采用多种方法测试了不同电解液浓度和电位梯度等条件改性后煤样的比表面积、平均孔径、孔隙率、裂隙连通性和裂隙数量，发现电化学作用降低了煤样的比表面积、增大了孔隙率并疏通了填充矿物的孔裂隙，探明了电化学作用对煤孔裂隙结构的影响规律，并采用分形方法表征了改性对煤孔裂隙结构非均质性的影响；探索了电化学作用对煤样的润湿性、电动特性和表面基团等表面特性的影响，分析了煤毛细作用力和电动作用力的变化，剖析了表面特性变化的微观作用机理；开展了无烟煤瓦斯解吸特性的块度效应及其电化学强化效果试验，发现随着块度的增大，煤瓦斯解吸时间常数呈指数规律上升，并趋于稳定；最终解吸率、解吸初速度、解吸速度衰减指数和扩散系数等参数均大幅下降，至块度大于煤基质尺寸时基本不变，发现电化学作用可以将无烟煤中的瓦斯解吸率由61.84%增至82.28%，而解吸时间缩短了3/4；分析了pH值、电解液浓度和电位梯度等对煤瓦斯解吸特性的影响规律，排列了这些因素影响程度的主次顺序，揭示了电化学强化煤瓦斯解吸机理；进行了电化学强化煤瓦斯渗透特性试验，详细研究了电化学作用过程中电解液浓度、电位梯度、瓦斯压力与体积应力等对煤瓦斯渗透特性的影响，发现孔隙压力小于3 MPa、体积应力大于16 MPa时煤瓦斯渗流的电化学强化效果较显著，渗流速度和渗透系数提高了3.12~28.57倍，并随电解液浓度升高呈倒U形变化，随电位梯度升高呈线性规律增大，建立了应力场与电化学场共同作用下的煤瓦斯电动渗流方程。

本书相关研究内容获得包括国家自然科学基金（51174141，51674173）、山西省自然科学基金（201701D221241）等多项课题的资助。康天合教授也对本书的完成给予了很大帮助，在此表示衷心感谢。作者对长期关心和支持本项研究的领导、专家、学者和工程技术人员表示由衷的感谢，由于水平所限，不妥之处，敬请读者批评指正。

作　者

2019年9月

目　录

1 绪 论

1.1 研究背景与意义

随着煤矿开采深度的增加和开采强度的加大，煤矿瓦斯灾害日益严重，矿井瓦斯成为制约我国煤矿安全高效开采的最重要因素。由近5年来煤矿事故统计结果可知：煤与瓦斯突出、瓦斯燃烧与爆炸、瓦斯中毒与窒息等与瓦斯相关事故的伤亡人数居于首位；同时，大量的煤矿瓦斯向外排放，造成了大气的严重污染和优质清洁能源的巨大浪费。加快煤矿瓦斯抽采利用，是国家优化能源结构体系的重要组成部分，同时也是遏制煤矿重大瓦斯事故、实现煤炭资源安全高效开发的必由之路。1938 年我国首次在抚顺龙凤矿用机械抽采采空区瓦斯，1940 年在该矿井口附近地面建造容积为 100 m^3 的瓦斯罐，将抽出的瓦斯作为民用燃料进行利用。20 世纪 50 年代我国瓦斯抽采量约为 1 亿 m^3，60 年代抽采量为 1.7 亿 m^3。到 2015 年抽采量达到 180 亿 m^3，全国煤矿发生瓦斯事故 45 起，并且根据《煤层气（煤矿瓦斯）开发利用“十三五”规划》，截至 2020 年，我国瓦斯抽采量要达到 240 亿 m^3。但是，我国矿井平均抽采率不足 30%，而美国、澳大利亚等主要产煤国家的煤层瓦斯抽采率均在 50% 以上，其主要原因是我国煤层经历了强烈构造运动，形成了低渗透性的高延性结构，且具有低压、低饱和与高变质程度的基本特征，简称为“三低一高”。煤储层的这些特征导致我国煤矿瓦斯/煤层气钻孔抽采速度慢、抽采范围小和抽采率低。

目前，提高煤层瓦斯抽采率的方法主要有开采解放层、布置高抽巷、密集钻孔法、水力化方法（包括水力冲孔、水力割缝和水压致裂等)、爆破致裂法和建造多分支水平井等。这些方法都是基于卸压原理解除应力屏障并使煤体产生变形，增大渗透性。但卸压并不能使煤体充分破碎，只能在小范围内产生裂缝，被裂缝切割的煤块仍然很大。研究表明，煤的破碎程度是影响瓦斯排放的重要因素之一，在煤粒尺寸为 1 μm、10 μm、100 μm、1 mm、1 cm 和 1 m 条件下，解吸 90% 瓦斯所需的时间分别为 4.65 s、10 min、13 h、1 个月、15 年和 15 万年。实际也证明了这一点，从煤壁上截割下来的煤运到地面储煤仓、选煤厂，甚至到用户，仍有大量瓦斯放散出来，甚至会引发选煤厂煤仓瓦斯燃烧或爆炸事故。这说明仅通过卸压使煤层瓦斯解吸与扩散是缓慢的，通过煤层原位卸压提高瓦斯抽采率的效果是有限的，并且受条件的限制。在非卸压方法方面，国内外也进行了大量的探索，包括 CO_2 驱替，外加声场、电场、电磁场和温度场等物理场。这些方法是通过吸附竞争置换、声波振动、电动效应或热效应来促进瓦斯解吸和扩散，但对煤体渗透性的影响甚微。因此，针对我国煤层低渗透、强吸附特征，探索一条行之有效的强化抽采方法就显得刻不容缓。

1.2 煤瓦斯储运的国内外研究现状

瓦斯主要以吸附状态赋存于煤基质的微小孔隙中，抽采瓦斯需经历煤基质中解吸、孔隙中扩散和裂隙中渗流等过程（图 1-1）。因此，煤瓦斯储运方面的研究主要包括瓦斯在煤中的吸附解吸、扩散和渗流等。

1.2.1 煤瓦斯吸附解吸

1. 吸附解吸机理研究

由于煤表面分子存在剩余的自由力场，能量较低的瓦斯分子接近煤表面时会被捕获，同时释放吸附热。一般而言，煤与瓦斯间的作用力为范德华力（分子间作用力），该类吸附属于物理吸附，这也得到了 Moffat 和陈昌国等的试验验证。当被吸附的瓦斯

(a) 煤基质中解吸 (b) 孔隙中扩散 (c) 裂隙中渗流

图 1-1 瓦斯在煤层中的运移过程

分子重新获得能量，并足以克服煤体表面引力场的势垒时，就会转变为游离状态的瓦斯。目前，关于煤瓦斯吸附解吸机理的研究多集中在吸附力、吸附势阱和吸附热等方面。

聂百胜分析认为，煤与瓦斯间的吸附力主要由伦敦色散力和德拜诱导力等组成，其数值分别为-29.244 kJ/mol 和-0.036 kJ/mol，并且该吸附力与实测的煤与瓦斯间的吸附热（17.2 kJ/mol）基本一致。

降文萍等采用量子化学从头计算方法研究了煤表面分子与 CH_4 和 CO_2 分子间的作用能，发现煤对 CO_2 的吸附势阱（-19.061 kJ/mol）远大于对 CH_4 的吸附势阱（-2.704 kJ/mol），说明 CO_2 在煤表面的吸附更稳定，进而从微观上解释了煤对 CO_2 吸附能力较对 CH_4 吸附能力大的原因。

Yang 等运用 Clausius-Clapeyron 方程计算发现 Pittsburgh 煤样对甲烷的等量吸附热约为 18.837 kJ/mol，认为等量吸附热可以反映煤的吸附能力；Nodzenski 利用 Virial 方程计算出 3 种碳含量不同的煤在吸附 CH_4 和 CO_2 时的等量吸附热，发现随气体覆盖度的增大，等量吸附热降低，并指出 q_0（覆盖度为 0 时的等量吸附热）可以反映吸附质分子和煤表面的直接作用关系。

2. 吸附理论

目前，关于煤瓦斯间的吸附理论主要有单分子层吸附理论和吸附势理论两种。

(1) 单分子层吸附理论，也称 Langmuir 吸附理论，是由 Langmuir 于 1918 年基于动力学理论推导出的。该理论认为在固体表面存在着能够吸附分子或原子的吸附位，当在单位时间内进入到吸附位的分子数即吸附速度和离开吸附位的分子数即脱附速度相等时，吸附达到平衡。其表达式为

$$Q = \frac{abp}{1 + bp} \tag{1-1}$$

式中 Q——吸附体积，mL/g；

a——饱和吸附量，mL/g；

b——吸附常数，可以反映吸附能的大小；

p——压力，MPa。

国内外学者多采用 Langmuir 吸附理论描述煤瓦斯间的吸附/解吸，一方面是由于煤吸附/解吸甲烷的等温线显示出单分子层吸附等温线的特征；另一方面是由于 Langmuir 方程具有形式简单、使用方便以及式中参数意义明确等优点。但是早在 1992 年，艾鲁尼就提到采用 Langmuir 方程描述煤吸附过程时的假设条件并不存在，应采用微孔填充理论（DR 方程）来描述，并得到了陈昌国等的验证。

(2) 吸附势理论，也称 Polanyi 吸附理论，是由 Polanyi 于 1914 年提出的。该理论认为，固体表面对附近的吸附质分子有一个引力，吸附质分子被吸引到表面，形成多分子吸附层。单位质量的吸附质从气相转移到吸附层所做的功即为吸附势 ε。可以把吸附层分为若干个等势面，等势面与对应的吸附体积的关系即为吸附特性曲线，该曲线与温度无关。其表达式为

$$\varepsilon = -\int_{P}^{P_0} V\mathrm{d}P = -\int_{P}^{P_0} \frac{RT}{P}\mathrm{d}P = -RT\ln\frac{P}{P_0} \tag{1-2}$$

$$\omega = \frac{QM}{22400\rho} \tag{1-3}$$

$$\rho = \rho_b \exp[-0.0025(T - T_b)] \tag{1-4}$$

$$P_0 = P_c \left(\frac{T}{T_c}\right)^k \tag{1-5}$$

式中 ε——吸附势，J/mol；

P、P_0——甲烷在温度 T 时的平衡吸附压力和饱和蒸汽压，MPa；

R——气体常数，J/(mol·K)；

T——平衡温度，K；

ω——吸附空间，cm^3/g；

Q——在恒定温度 T、平衡压力 P 时的甲烷吸附量，cm^3/g；

M——甲烷的摩尔质量，g/mol；

ρ——吸附相密度，g/cm^3；

ρ_b——沸点下的甲烷密度，g/cm^3；

T_b——甲烷的沸点温度，K；

P_c——甲烷的临界压力，MPa；

T_c——甲烷的临界温度，K；

k——参数，取 2.7。

Dubinin 微孔填充理论是在吸附势理论的基础上建立的。1998 年，Clarkson 和 Laxminarayana 采用四种不同吸附方程（Langmuir 方程、BET 方程和基于微孔填充理论建立的 D-A 方程和 D-R 方程）来描述煤吸附甲烷过程，发现 D-A 方程的拟合精度最好，Langmuir 方程的拟合效果最差。赵志根理论分析认为微孔填充理论更适合描述煤吸附甲烷行为。

3. 吸附解吸特性的影响因素

由煤瓦斯间的吸附机理可知，影响煤瓦斯吸附解吸特性的因素主要是吸附位的数量和吸附作用力的大小。吸附位即煤体的内比表面积，吸附力则受煤表面基团、瓦斯组分和所处环境共同决定。因此，凡是能改变以上两种因素的煤体物理化学特征和外界条件均可影响其吸附解吸特性，如煤变质程度、煤岩组分、水分、外加温度/电/电磁/声场等物理场以及煤表面化学结构等。

（1）煤阶和煤岩组分。煤的吸附能力随煤阶升高先后经历4个阶段：快速增加阶段（$R_0<1.3\%$）、缓慢增加阶段（R_0 介于1.3%～2.5%）、达到极大值阶段（R_0 介于2.5%～4.0%）和降低阶段（$R_0>4.0\%$）。Crosdale 等进一步指出，同一煤层中亮煤的吸附能力明显高于暗煤，这是由于亮煤中微孔较多的缘故。

（2）水分。水分可以减弱煤瓦斯间的吸附作用。这是由于水分子与煤表面含氧官能团等极性基团之间存在较强的吸附，减少了煤表面的吸附位数量。

（3）温度、电磁场、静电场、声场等物理场。随着温度的升高，煤体吸附瓦斯量减少，压力越大这种变化趋势越明显。交变电磁场可以使煤表面极性分子的偶极矩方向产生周期性变化，从而降低瓦斯分子被煤表面极性分子捕获的频率，减少吸附量。外加静电场对煤瓦斯饱和吸附量影响较小，但对吸附常数 b 值有较大影响。外加声场可以明显减少煤对瓦斯的吸附量，降低其吸附能力，并且吸附量随声场强度增大而减小。

（4）表面化学结构。实验表明煤瓦斯饱和吸附量与煤样内元素O/C含量的比率成反比，而与微孔体积成正比，当两个煤样的微孔参数相近时，表面含氧官能团较多的煤样具有较少的瓦斯饱和吸附量。另外，国内外很多学者将煤基活性炭作为煤的简化模型，通过对活性炭进行表面改性（如硝酸氧化、热处理等），研究表面含氧官能团对活性炭吸附性能的影响。Contreras 等发现活性炭表面酸性官能团的增加使甲烷产生化学惰性，降低了对甲烷的吸附能力；而 Rodriguez-Reinoso 等研究表明，表面含氧官能团的增加不会改变活性炭对甲烷等非极性气体的吸附性能，而对极性气体的吸附有显著影响。

1.2.2 瓦斯在煤中的扩散

1. 扩散机理

煤瓦斯扩散是由于瓦斯分子的自由运动使瓦斯由高浓度体系运移到低浓度体系的浓度平衡过程，其扩散能力常用瓦斯扩散系数表示。何学秋分析了不同压力下瓦斯在煤体中的扩散系数与分子平均自由程之间的关系，认为气体在煤微孔中扩散的宏观参数实质上是由分子微观参数的改变而引起的，并描述了瓦斯在煤微孔中的扩散过程，即解吸的瓦斯依次经过 Knudsen 型扩散、过渡型扩散和 Fick 型扩散等 3 种方式进入裂隙系统中。

2. 扩散模型

1）单孔隙扩散模型（Unipore diffusion model）

20 世纪 80 年代以前，国内外学者多采用单孔隙扩散模型来描述瓦斯在煤粒或煤块小孔中的扩散过程。其假设条件是均匀孔隙结构、等温吸附、同一煤样扩散系数为常数，且与浓度、位置无关。运用 Fick 第二定律，表示为

$$\frac{D}{r^n}\frac{\partial}{\partial r}\left(r^n\frac{\partial C}{\partial r}\right)=\frac{\partial C}{\partial t} \tag{1-6}$$

式中，n 与坐标类型有关，线性坐标 $n=0$，柱状坐标 $n=1$，球形坐标 $n=2$；r 为煤屑半径，cm；C 为孔隙游离气体浓度，mol/cm^3；t 为时间，s；D 为扩散系数，cm^2/s。该方程解的一般表达式为

$$\frac{Q}{Q_\infty}=1-\frac{6}{\pi^2}\sum_{n=1}^{\infty}\frac{1}{n^2}\exp(-D_e n^2\pi^2 t) \tag{1-7}$$

式中 D_e——有效扩散系数，cm^2/s；

Q——吸附气体积，cm^3；

Q_∞——总脱附气体积，cm^3。

当时间 $t<600$ s 和 $Q/Q_\infty<0.5$ 时，扩散公式可简化为

$$\frac{Q}{Q_\infty}=\frac{6}{\sqrt{\pi}}\sqrt{D_e t} \tag{1-8}$$

式（1-8）即为国内外采用解吸法确定煤层含量时的经验公式。另外，杨其銮和王佑安也基于单孔隙扩散模型得到了均方根式：

$$\frac{Q}{Q_\infty} = \sqrt{1 - e^{KBt}} \tag{1-9}$$

式中 B——扩散参数，$B=4\pi^2 D/d^2$；

K——校正系数，在 B 值为 $6.58\times10^{-3} \sim 6.58\times10^{-6}$ 范围内，K 值取 0.96。

2）双孔隙扩散模型（Bidisperse diffusion model）

1984 年，Smith 和 Williams 基于煤的双重孔隙分布特征，成功地将 Ruckenstein 提出的双孔隙模型应用于瓦斯在煤中的扩散。该模型的假设条件为煤具有双重孔隙结构，大孔即颗粒间的空隙，半径用 R_a 表示，小孔即颗粒内的孔隙，半径用 R_i 表示，如图 1-2 所示；线性等温吸附；边界浓度呈阶梯状变化。其扩散过程为：瓦斯首先由颗粒内的孔隙向外扩散，然后在颗粒间的空隙中流动。

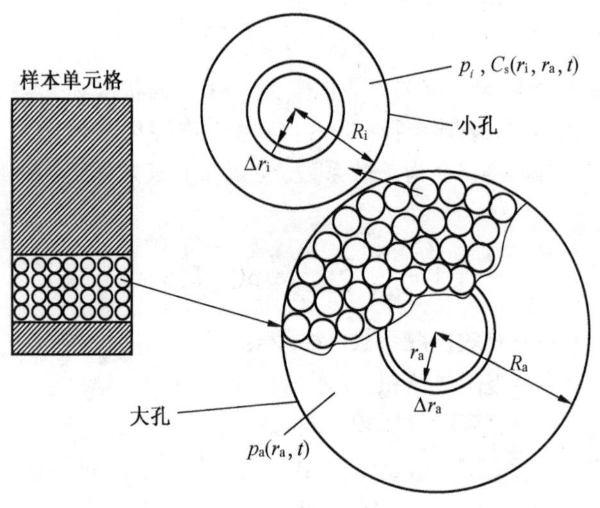

图 1-2 双孔隙扩散模型

在给定的初始和边界条件下，定义相应的无因次参数和变量，引入 Laplace 变换后，双扩散模型可以简化为

$$\frac{Q}{Q_\infty}=\frac{\left[1-\frac{6}{\pi^2}\sum_{n=1}^{\infty}\frac{1}{n^2}\exp(-n^2\pi^2\tau)\right]+\frac{1}{3}\left(\frac{\beta}{\alpha}\right)\left[1-\frac{6}{\pi^2}\sum_{n=1}^{\infty}\frac{1}{n^2}\exp(-n^2\pi^2\alpha\tau)\right]}{1+\frac{1}{3}\left(\frac{\beta}{\alpha}\right)} \tag{1-10}$$

式中，α 为无因次参数，$\alpha=D_iR_a^2/D_aR_i^2$；D_i 为小孔扩散系数，cm^2/s；D_a 为大孔扩散系数，cm^2/s；β 为无因次参数，$\beta=\frac{3(1-\phi_a)R_a^2D_i}{\phi_aR_i^2D_a}$；$\phi_a$ 为大孔孔容占总孔容的比例；$\tau=D_at/R_a^2$。当 $\alpha<10^{-3}$时，大孔扩散很快结束，小孔扩散起主导作用；当 $10^{-3}<\alpha<10^2$ 时，大孔和小孔扩散均有参与；当 $\alpha>10^2$ 时，大孔扩散起主导作用。

3. 扩散特性的影响因素

国内外学者结合实际条件对煤瓦斯扩散特性的影响因素进行了大量的研究，主要有以下几方面：

（1）瓦斯吸附平衡压力。Nandi 和 Bielicki 等试验发现煤瓦斯扩散系数随吸附平衡压力增大而增大，这是由于煤瓦斯间等温非线性吸附的缘故；Crank 通过理论计算得到了瓦斯扩散系数随压力变化的表达式，但该表达式仅停留在解析解的层面；日本学者渡边伊温发现煤粒的瓦斯扩散系数随压力的升高略有增大，但影响程度有限；Pillalamarry 发现当瓦斯压力低于 3.5 MPa 时瓦斯扩散系数与压力成反比关系。

（2）粒度/块度。Nandi 等研究了不同粒度煤样的扩散系数，发现减小煤样粒度会提高气体扩散系数；杨其銮实测发现扩散参数 B 值随着粒度的减小而增大，B 值越大，瓦斯涌出速度越快，扩散参数 B 值标志着煤屑瓦斯放散速度的快慢程度，可作为煤屑瓦斯涌出特征指标；Airey、Bertand、杨其銮、Banerjee、Barker-read、Siemons、Busch 和 Gruszkiewicz 试验研究发现，当煤粒尺寸小于一定尺度（直径 1～20 mm）时，随着粒径的增大，气体解吸速率降低，解吸时间常数增大；当尺寸大于该值时，气体解吸速率基本不发生变化，并分析认为这可能是由于当煤样粒径尺寸超过内生裂隙网格时，气体运移主要受裂隙控制的缘故。

（3）煤的破坏程度。富向和李云波等试验发现与原生结构煤相比，构造煤放散瓦斯时衰减较快，第 1 s 时的瓦斯放散速度 V_1 和前 60 s 放散总量 $Q_{0\text{-}60}$ 均较大。

（4）温度。聂百胜等试验发现煤样的初始有效扩散系数随温度升高而增大；李志强等通过同压不同温度初始条件下的恒温煤粒瓦斯扩散试验，发现煤体扩散系数随温度升高呈先升后降的趋势。

（5）水分。Pan Zhejun 等试验发现煤基质中的水分可以降低气体解吸速率，且对 CH_4 扩散能力的影响大于 CO_2。

1.2.3　瓦斯在煤中的渗流

1. 渗流理论

煤体的渗透性是指瓦斯或其他流体在煤中的流动能力。目前，关于瓦斯在煤中的渗流理论主要有 4 种：

（1）线性瓦斯流动理论。周世宁院士认为煤层瓦斯流动基本上符合线性渗流规律，即达西定律（Darcy Law）：

$$v = -\frac{k}{\mu}\frac{\mathrm{d}p}{\mathrm{d}x} \tag{1-11}$$

式中　v——流体的渗流速度，mL/s；

k——多孔介质的渗透率，cm^2；

μ——流体的动力黏性系数，MPa · s；

$\mathrm{d}p/\mathrm{d}x$——流体沿 x 轴方向上的压力梯度。

他将煤层瓦斯流动划分为单向、径向和球向 3 种类型，用数学方法和模拟方法解算了均质和非均质煤层中瓦斯流动的微分方程式，并从实践中证明解算结果与实际瓦斯涌出现象基本相符。郭勇义结合数值方法和相似理论方法求出 4 种瓦斯流场的完全解，得到流场在任意时刻的瓦斯压力分布和比流。谭学术结合瓦斯真实气体状态方程，提出了修正的矿井煤层真实瓦斯渗流方程。孙培德针对煤层瓦斯动力学中存在的几个重要问题，对瓦斯流动数学模型进行了修正和完善。

(2) 非线性瓦斯流动理论。通口澄志基于煤瓦斯渗透率随压差变化的试验结果，认为煤层瓦斯流动更符合非线性渗流规律，即幂定律（Power Law）：

$$V_{\mathrm{N}} = -A\left(\frac{\mathrm{d}P}{\mathrm{d}X}\right)^{m} \tag{1-12}$$

式中 V_{N}——对应标准状态下的无因次瓦斯流速；

A——无因次的瓦斯渗透度系数；

m——状态常数；

$\mathrm{d}P/\mathrm{d}X$——沿 X 轴向的无因次瓦斯压力梯度。

孙培德基于幂定律的推广形式，建立了可压缩性瓦斯在均质和非均质煤层内流动的偏微分方程，并由实测的瓦斯流动参数对均质煤层瓦斯流场的流动做了实际计算验证。

(3) 煤瓦斯耦合作用理论。赵阳升基于固体变形与瓦斯渗流的基本理论，提出了煤体瓦斯耦合数学模型及其数学解法，并结合阳泉煤矿的实际分析了巷道瓦斯涌出规律，得到了现场实践资料的验证。

(4) 煤-气-液多相渗流理论。在煤层气开发行业中，煤层气从煤储层流入生产井筒是一个复杂的气水二相渗流过程，主要包括排水、降压、解吸、扩散和渗流等。因此，骆祖江等基于多相渗流理论，从水气二相渗流的连续性方程和达西定律出发，推导了非饱和带水气二相渗流的耦合动力学模型，并将该模拟应用于沁水盆地 TL 煤层气井水气运移、产出的模拟计算，校正了影响该井水气产量的主要参数（如渗透率和相对渗透率等），预测了该井未来 20 年的水气产量动态变化特征。

2. 渗透特性的影响因素

影响煤瓦斯渗透性能的因素主要有以下几个：

（1）地应力。Somerton 研究发现煤体渗透率对应力非常敏感，并随地应力增加呈指数规律减小。Harpalani 实验发现重复地加卸载会明显降低煤样的渗透率，并且渗透率的反应具有滞后性。另外，在各种应力状态下，渗透率总是随着孔隙内气体压力的降低而降低。唐巨鹏等研究发现，在加载过程中，渗透率与有效应力呈正指数关系减小；在卸载过程中，渗透率与有效应力呈抛物线关系。

（2）温度、电场、声场等物理场。胡耀青和冯子军试验发现煤体渗透率随温度升高呈现 3 个阶段性变化：在第一阶段（室温至阈值温度 300 ℃），渗透率随温度升高呈降低趋势；在第二阶段（阈值温度 300～600 ℃），渗透率随温度升高呈增大趋势；高于 600 ℃后，渗透率随温度升高而降低。王宏图等研究发现加电场后的甲烷气体渗流速度比无电场时要大，并且煤中甲烷气体渗流量随电压（电场强度）升高近似呈线性增大，煤化程度越高的煤导电性越好，且甲烷气体在煤中的电动效应越明显。严家平等研究发现声波振动能够破坏含瓦斯煤体的内部结构，增加煤体裂隙宽度，并使裂隙延长和贯通，从而提高煤体的渗透能力。

（3）煤基质收缩。Gray 研究发现煤中瓦斯解吸的同时会发生收缩现象，进而增大内生裂隙（割理）的裂口宽度和渗透率。傅雪海等利用 Kelinberg 公式校正了因气体分子沿壁面滑移而受影响的渗透率，并定量地推导了煤基质收缩引起的渗透率变化情况，发现在有效应力不变的情况下，流体压力越小，滑脱效应越明显。

（4）煤阶。Shen Jian 等研究发现随着煤阶的升高，煤瓦斯绝对渗透率增大，残余水饱和度（残余水在煤孔隙中所占体积的百分数）呈 U 形变化，并且残余饱和水状态下的瓦斯相对渗透率呈增大趋势。

1.3 强化煤瓦斯抽采的国内外研究与应用现状

目前，国内外广泛开展的强化瓦斯抽采的理论研究与采用的技术方法主要有开采解放层、布置高抽巷、密集钻孔法、水力化方法（水力冲孔、水力割缝和水压致裂）、爆破致裂和 CO_2 驱替等。

（1）开采解放层。该方法是将解放层先行开采后，周围的岩层及煤层向采空区方向移动和变形，煤层压力释放，在煤层和岩层内不但产生新裂缝，而且原有裂缝也扩大，使得煤层透气性增大数十倍至数百倍。这一技术曾在我国许多煤矿得到应用，但由于煤层赋存条件的限制，如：邻近解放层厚度很小难以开采，煤质较差没有开采价值，或者许多煤层没有邻近解放层，或者随采深增加解放层也变为突出层，使得该技术无法使用。

（2）布置高抽巷。该方法是根据采动裂隙场分布规律合理布置瓦斯抽采巷。钱鸣高院士和许家林教授基于关键层理论，通过相似模拟实验、图像分析和离散元数值模拟等手段研究发现，关键层破断后，采空区中部的采动裂隙趋于新压实，而四周为相互连通的采动裂隙发育区，即形成采动裂隙“O”形圈，并根据采动裂隙分布的这一特征建立了卸压瓦斯抽采“O”形圈理论。该理论指出“O”形圈相当于一条“瓦斯河”，周围煤岩体内的瓦斯解吸后通过渗流不断地汇集到这一区域，当卸压瓦斯抽采巷布置在“O”形圈内时，可以保证抽采巷有较长的抽采时间、较大的抽采范围和较高的抽采率。袁亮院士和刘泽功教授等对采动裂隙“O”形圈内瓦斯流动的特点做了进一步分析，提出利用采动裂隙“O”形圈的分布特征对矿井瓦斯进行有效抽采，并对邻近层瓦斯抽采巷道的布置原则进行了讨论，同时就上邻近层卸压瓦斯抽采技术对采空区瓦斯流场分布的影响进行了理论分析。但是，在高位裂隙带中抽放属于采后或采中抽采，抽采的瓦斯浓度低，不宜利用，造成了大量优质能源的浪费。

(3) 密集钻孔法。该方法是通过缩小钻孔间距来提高瓦斯抽采率。但钻孔过于密集时，钻孔过程中容易串钻、卡钻而无法施工。鹤壁五矿的应用实践表明，吨煤抽放钻孔量达到 0.08 m 以上。可见，钻孔法卸压范围小，一般为 0.2～0.3 m，工程量大，成本高，并且在松软煤层和高应力煤层中的钻孔易变形、坍塌，不易封孔。所以该方法仅适用于采掘工作面卸压消突，不能用于大面积瓦斯抽采。

(4) 水力化方法。该方法包括水力冲孔、水力割缝和水压致裂等。水力冲孔是在钻孔的基础上，用水力冲刷钻孔，以达到扩大钻孔直径、冲洗钻孔内的煤粉和润湿煤体，使钻孔壁有更好的渗透性和使煤体的塑形增强，降低煤体的集中应力的目的。研究结果表明，冲孔可使周围形成半径为 4～6 m 的卸压范围，抽采瓦斯体积分数可由冲孔前的 7.8% 增至冲孔后的 56.9%，抽放钻孔等效孔径提高 13.38 倍，抽放衰减周期提高 3 倍以上。

水力割缝是通过高压水连续射流切割钻孔两侧煤体形成缝槽结构，改变煤层原始应力，增大煤层孔隙率，促进煤层瓦斯解吸，提高瓦斯抽采率的一种水力卸压技术。与普通钻孔相比，水力割缝能够增大卸压范围，并且高压脉冲水射流的冲击效应、剥蚀效应及震动效应等冲击载荷作用可有效破碎煤体，增大煤体裂隙率和裂隙连通率，且割缝深度越深卸压范围越大，效果越好。

水力压裂是煤层气开发中研究与应用最多的一种增透措施。该方法是借鉴油气田开发的水力压裂技术，即以大于地层滤失速率的排量向地层注入高压水，并携带一定的支撑剂，劈开煤层，形成具有渗流能力的裂缝，以提高瓦斯抽采量。1947 年美国、20 世纪 60 年代苏联、1970 年我国将水力压裂技术应用于地面煤层气井和井下瓦斯抽采。建井数量逐年递增，截至目前已超过 5000 口，垂直井占 90% 以上，几乎全部进行了水力压裂增透。

但是，水力化方法存在一些严重的缺陷，尤其是在高应力、软煤层条件下。与密集钻孔法相同，水力冲孔与水力割缝同样存在工程量大、易坍塌、无法封孔，冲孔与割缝的深度与宽度有限等问题，且水会降低煤的渗透性，对煤瓦斯解吸具有抑制（水锁）作用。该方法对采掘工作面消突具有较好的作用，不宜用于大面积瓦斯预抽采。水力压裂法在硬煤和碎裂煤中能够提高煤层瓦斯抽采范围和抽采率，但在软煤中存在一些难以克服的问题，如钻孔施工困难、易形成短宽裂缝、支撑剂被包围嵌入以及压裂液进入煤体后不易排除造成的水锁伤害等。

（5）爆破致裂法。该方法是利用爆炸产生的应力波和爆生气体作用于煤体，同时辅以自由面（控制孔），可使炮孔周围产生裂隙，从而提高煤层透气性和瓦斯抽采效果。20 世纪 50—80 年代，苏联在卡拉干达矿区的日丹诺夫 20 号井进行了预裂爆破瓦斯抽采的研究，并取得了一定的效果。我国研究深孔预裂爆破技术已有 30 余年的历史，并已成功地从试验研究变为实际应用。但爆破致裂方法存在钻孔与装药深度和炮孔利用率受限，在松软煤层中难以形成有效的大半径裂隙圈，并且爆破后封孔困难等缺点。

（6）CO_2 驱替。该技术原理是将 CO_2 注入煤层，由于煤对 CO_2 的吸附能力是 CH_4 的 2 倍左右，注入煤层的 CO_2 会通过竞争吸附作用将 CH_4 转化为游离态。同时，注入的 CO_2 会增加煤层的孔隙压力，从而增强煤层瓦斯的产出率。目前，该技术在美国的 San Juan Basin 和中国的沁水煤田进行了工业性试验。但是，CO_2 因受到气源和经济性的限制，其应用范围十分有限。

综上所述，目前瓦斯抽采方面的研究与应用主要有以下特点：①对煤瓦斯间吸附、解吸、扩散和渗流等储运特征、机理与影响因素等方面的研究较多，而对强化瓦斯解吸渗流的新方法和深层次理论方面的研究较少；②已有的强化瓦斯抽采技术与方法不外乎利用卸压原理解除应力屏障并使煤体变形，增大渗透性，或者通过外加物理场来促进瓦斯解吸，即研究重点仅仅放在提高煤储层渗透性或者提高煤瓦斯解吸特性上。

鉴于此，本书从煤瓦斯的物理化学特征以及吸附解吸、扩散和渗流等储运特性着手，结合电化学方法和电渗、电泳等动力作用，改变以往单一追求卸压增透的方式，利用煤矿广泛采用的注水钻孔，通过向煤层中注入电解液并施加电场，同时达到改变煤表面极性弱化吸附作用力、热效应促进煤基质瓦斯解吸、电渗作用驱动电解液定向流动并携带瓦斯运移以及电泳作用和电解反应增加贯通裂隙数量提高煤层渗透性等作用，大幅强化煤层瓦斯解吸渗流，提高瓦斯抽采率，其研究具有重要的理论意义和实际应用价值。

1.4　电化学对煤岩作用的国内外研究与应用现状

目前，在煤炭行业中，电化学方法主要应用于矿物加工和煤化工领域，如：煤的脱硫脱灰和脱水、煤的液化和气化等，这些技术均是基于电化学氧化和还原等原理以及电渗、电泳等动力作用来对煤进行洗选和深加工的。另外，在软岩改性和提高石油采收率等方面也有电化学方法和电渗技术的研究和应用。

1.4.1　电化学脱硫降灰

1983 年，Lalvani 等研究发现，在酸性介质中电解煤浆可以脱除煤中全硫的 40% 以及少量氮，其机理为煤在阳极发生氧化反应，将黄铁矿（FeS_2）电解氧化为 Fe^{3+}、SO_4^{2-} 和 S^0，同时煤中 FeS_2 可以被酸性溶液溶解生成 Fe^{2+}，并被氧化为 Fe^{3+}，而 Fe^{3+} 又可在约 60 ℃的水溶液中将硫氧化为 SO_4^{2-}。

在国内，刘旭光等对孝义煤在不同电解体系中的脱硫率进行了系统研究，主要结论如下：①电解质 NaOH 和 H_2SO_4 均是较好的脱硫体系，而 NaCl 中的 Cl^- 虽对电解脱硫有明显的促进作用，但对煤质有较大的破坏；②在一定的浓度、电流和温度作用下脱硫可达最佳效果，而且产物分析表明 O_2 的通入可同时提高无机硫和有机硫的脱除率；③煤在有机电解体系中电解后，脱硫效果较好，在含硫量降低的同时，H/C 原子比也有所升高，煤体基本不发生破坏。董宪姝等以镇城底高硫煤样为研究对象，通过四因素三水平的正交试验，确定了在 NaOH、KOH 和 $Ca(OH)_2$ 碱性电解液中电化学强化浮选脱硫的最佳工艺条件，指出 3 种介质中 $Ca(OH)_2$ 为电解质时精煤产率和脱硫率较高。孙成功和李保庆介绍了煤的电化学法脱灰脱硫，指出该方法工艺流程简单，在净煤同时还能联产大量高纯氢气，操作成本低廉。同时，还对该方法进行了初步的经济可行性评价。

1.4.2 煤的电化学脱水

煤粒电化学脱水方面的研究始于 1981 年，Lockhart 对两座选煤厂的浮选精煤进行了电渗脱水试验，发现当消耗电量为 25 kW · h 和 69 kW · h 时，深 5 cm 的电解槽中的精煤的重量百分比由原来的 62% 提高到 84% 和 88%，并且在相同的电位梯度下，脱水时间与样品厚度成平方关系，说明电渗技术可以明显改善细粒煤的脱水效果。Sami 等研究发现，利用电渗技术进行脱水的成本较低，并且电渗速率不受温度影响。Kuh 和 Kim 探讨了电化学作用中活性剂类型、电极材料及布置方法、电压和电流等电解参数对煤粒脱水速率的影响。董宪姝等结合真空过滤和电渗技术试验研究了水煤浆的脱水行为，发现随着电渗时间的延长，过滤煤样的含水率减少，电阻增加，脱水速率减小。

1.4.3 岩土的电化学加固

1937 年，Casagrande 首次将电化学方法在岩土工程中进行了试验性的尝试，发现可以应用电化学中的电渗法固结砂质土，并提出了电渗速度经验方程。20 世纪 60—70 年代，苏联 Moscow 大学的 Tolstopyatov、Zhinkin、Eebinder 和 Titkov 等学者以及美国 Southern California 大学的 Chilingar、Adamson 和 Harton 等学者将电化学方法应用于软岩加固，并进行了大量的试验研究，发现在电化学作用下，电解液会进入软岩的孔隙中，由于电渗现象，带负电荷的电解液从电极阳极区域向电极阴极区域移动；由于电泳现象电解液中带正电荷的颗粒向电极阴极区移动；由于电解现象改变了阳极区域和阴极区域的 pH 值，进而对软岩的孔裂隙结构产生影响。康天合和王东等基于物化型软岩电化学改性过程中的双电层改变，在理论上分析了改性过程中的电渗和电泳等电化学现象，试验分析了电化学改性过程中岩石的物理化学性质、岩石矿物成分与晶层结构、岩石颗粒物沉降与体积变化，以及岩石孔隙结构与力学特性等的变化规律。

1.4.4 煤电化学液化与气化

煤的电化学液化和气化是通过氧化裂解和还原氢化两条途径来实现的。

1. 煤电化学液化

1991 年，美国能源研究公司首先验证了通过电化学还原方法将煤转化为低分子碳氢化合物的可行性，并考察了 5 种煤样的电化学还原行为，该还原过程涉及煤表面分子氢化作用，其液体产物主要由含酚基的脂肪族和芳香族化合物组成，这些化合物的分子质量一般为 100~400，与煤的种类有关。Markby 和 Sternberg 等用碳棒作阳极，分别用碳棒、石墨、铂或铝作阴极，电解液采用 LiCl 饱和的乙二胺溶液，将煤粉置于 33 ℃环境下电化学还原 15 h，发现每 100 个碳原子所含的氢原子数最多可增加 53 个，还原后煤中吡啶可溶解度达 74% 以上。

王志忠和刘旭光总结了煤电化学液化方面的研究成果，指出通过电化学氧化和（或）还原，煤可以被转化为较低分子的液体有机物，从而作为制取发动机燃料和化工产品的原料。李保庆等用汞作阴极，四丁基氢氧化铵为电解液，在 60 ℃下将煤电解 24 h，发现绝大部分煤样进入了溶液，剩余煤样的性能也得到了改良，其吡啶萃取率增加了 7%。另外，加氢裂解时，与未进行过电解处理的原煤相比，裂解产物中油收率提高了 15%。

2. 煤电化学气化

1979 年，Coughlin 和 Farooque 首次研究发现电解水煤浆可以制取氢气，而且反应可以在较低的温度下进行，所需电位低于水的电解电位，大大降低了制取氢气所需的能量消耗，反应过程中阳极产生 CO_2 和少量的 CO，阴极产生纯的 H_2，反应式如下：

氧化反应：

$$C(s) + 2H_2O(l) \longrightarrow CO_2(g) + 4H^+ + 4e^- \quad (1-13)$$

还原反应：

$$4H^+ + 4e^- \longrightarrow 2H_2(g) \quad (1-14)$$

如果升高反应过程中的温度，煤可以提供更多的能量，需要的电位就会更低。另外，他们还考察了煤粒大小和浓度、反应能量、温度以及支持电解液等因素对氢气制取率的影响，并分析了电化学气化反应的过程和反应后煤样表面形态的变化。1982 年，Coughlin 和 Farooque 进一步探索了煤电化学气化过程的基本热力学，分析了反应前后煤样元素组成和反应产物组成的变化，发现煤经电化学氧化后，氧含量增加，挥发分和氢含量降低，发热量升高。郭鹤桐等在总结前人研究的基础上，介绍了煤浆液电解氧化制氢的原理、工艺条件及实际应用中应解决的若干关键问题，认为煤浆液电解制氢机理分为两种：一种为有机物在电极上直接氧化；另一种是按照间接电催化机理进行。为确定其作用机理，以硫酸为电解质，铂作为阳极，研究烟煤的电化学氧化，发现阳极电流主要取决于铁离子浓度，而且铁离子对煤浆的电解氧化有加速作用，煤浆电解后可获得多种副产品，主要是烷烃和有机酸。

1.4.5　电化学作用提高石油采收率

1963 年，Anbah 首次指出对含有水和油的多孔介质施加电场，可以提高它们的流速，并认为这是由于电渗作用导致的。随后，Chilingar 等研究了直流电场对砂岩渗透率的影响，发现流速和油相的相对渗透率随电位梯度升高而增大，并且含有蒙脱石矿物成分的岩心效果更明显，其次为伊利石和高岭石。当加大直流电场后，硅酸盐片状结构会遭到破坏。Aggour 等采用 Arabian 轻质油和 20 g/L 的 NaCl 溶液，电位梯度为 3 V/cm，研究了电渗作用对砂岩相对渗透率的影响，发现加电后油的相对渗透率升高，水的相对渗透率降低，并且这种变化随电位梯度的升高而增大。另外，出口末端水饱和度的突破值随电位梯度升高逐渐增大。

关继腾等根据物理-化学流体动力学理论，从多孔介质渗流的毛细模型出发，建立了储层条件下电动力-水动力耦合公式，探讨了恒速注水电动-水动力驱油机理，并对国内外两个典型实验结果进行了拟合，发现由电动力引起的电渗作用和电加热作用导致的原油黏度的降低是提高水驱油采收率的重要因素，当直流电场的电位梯度为 7.5 V/cm 时，经电场处理后的油层可以提高水驱采收率 15%，并且直流电场还可以降低水油比；施加 5 V/cm 的电场，当注入 3 倍孔隙体积水时，水油比减小了 16%。张继红等研究了直流电场强度和方向等因素对油藏岩石油水相对渗透率的影响及其作用机理，发现在直流电场作用下，岩心呈强水湿性，束缚水饱和度增大，残余油饱和度降低，并且随着电场强度的增加，油相相对渗透率增大，水相相对渗透率降低，其极性相和非极性相各自呈现的不同渗流特性、壁面双电层结构变化以及原油的电黏效应等都是影响油水相对渗透率的因素。

2011 年，Wittle 和 Hill 通过在美国的 The Santa Maria Basin (California) 和加拿大的 the Lloydminster(Alberta) 重质油田进行现场试验，发现电渗法提高石油采收率是一种具有成本效益的技术，并且对重轻质原油均适用，其方法如图 1-3 所示。这种技术主要依靠电动作用和热效应。

1.5 研究内容

以晋煤集团寺河二号井 15 号煤层无烟煤为研究对象，对电化学改变煤孔隙结构和表面特性以及电化学强化煤瓦斯解吸与渗流特性进行研究，具体研究内容如下：

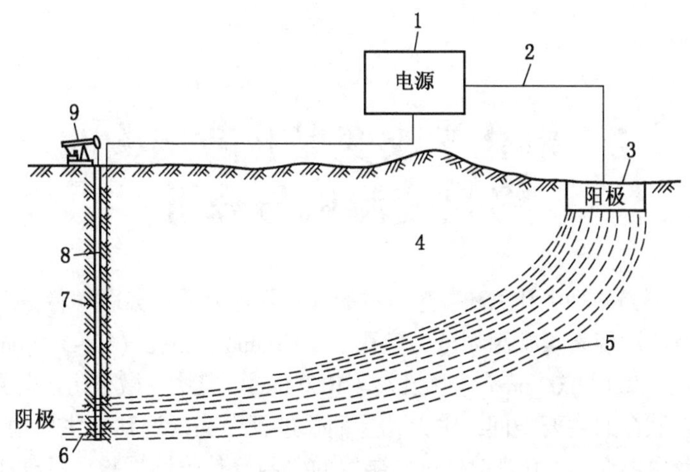

1—电源；2—绝缘导线；3—阳极电极；4—地层；5—电流场；
6—阴极电极；7—钻孔；8—套管；9—泵系统

图 1-3 电渗法提高石油采收率的结构示意图

(1) 研制电化学强化煤瓦斯解吸与渗流的试验装置，对煤样进行改性。

(2) 对电化学改性前后煤样的孔裂隙结构进行多尺度测试，探讨电化学作用对煤样孔裂隙结构的改变规律，并对改性机理与效果进行分析。

(3) 对改性前后煤样的润湿性、电动特性和表面基团等进行测试与分析，探讨电化学作用对表面特性的改变规律，并对改性机理与效果进行分析。

(4) 对改性过程中和改性前后煤样的瓦斯解吸特性进行测试与分析，探讨电化学作用对煤样瓦斯解吸特性的改变规律、机理与效果。

(5) 对改性过程中煤样的瓦斯渗流特性进行试验与分析，探讨电化学作用对煤样瓦斯渗流特性的改变规律、机理与强化渗流效果。

2　电化学改变煤孔隙结构的多尺度测试与分析

煤是一种由孔隙和裂隙组成的双重孔隙介质，苏联学者霍多特按空间尺度将煤孔隙划分为微孔（< 10 nm）、小孔（10~100 nm）、中孔（100~1000 nm）和大孔（> 1000 nm）。其中，微小孔是煤层中瓦斯赋存的主要空间，中大孔是抽采过程中瓦斯运移的主要通道。本章主要介绍电化学改性试验装置的研制及其改性试验，对改性前后煤样微小孔隙结构和中大孔隙结构分别采用液氮物理吸附法和压汞法进行测试，并对孔隙结构的改变规律、机理等进行进一步的分析。

2.1　电化学改性试验装置

图 2-1 所示为煤样电化学改性试验装置。该装置主要由电解槽、阳极、阴极、煤样、电解液和直流电源、电流表及导线等组成。电解槽用厚 3 mm 的塑料板制成，尺寸为长 25 cm，宽 18 cm，高 10 cm，阳极和阴极电极为长 150 mm、宽 100 mm、厚 5 mm 的长方形石墨板；电源为 DH1722A-4 型单路稳压稳流电源，最大输出电压为 250 V，最大输出电流为 3.5 A；导线为 ASTVR1×0.35 丝包绝缘线。

2.2　煤电化学改性试验

2.2.1　试样

试验煤样取自山西晋煤集团寺河二号井 15303 工作面，为无烟煤。按照国标 GB/T 6948—2008、GB/T 212—2008、GB/T 476—2001、GB/T 8899—1998 和 GB/T 1574—2007 对其进行最

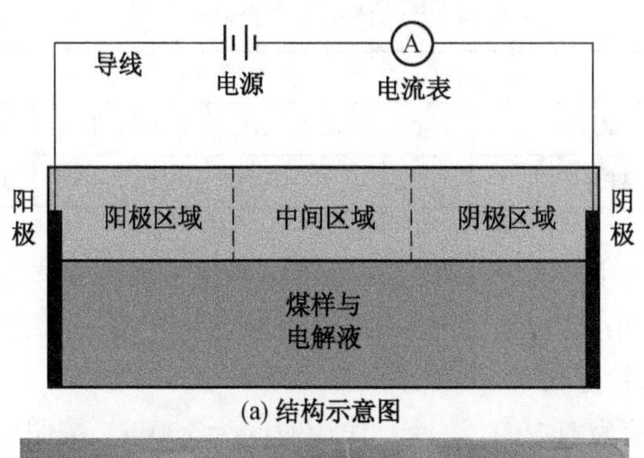

(a) 结构示意图

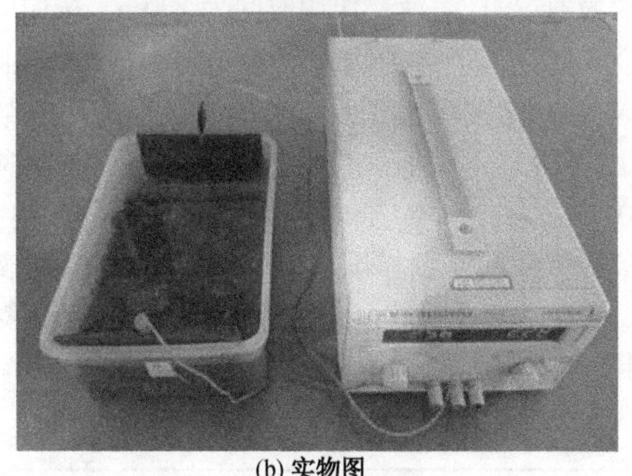

(b) 实物图

图 2-1　煤样电化学改性试验装置

大镜质组反射率测定、工业分析、元素分析、显微组分测定和化学成分分析，其结果见表 2-1、表 2-2。

表 2-1　试验煤样煤质特征测试结果

煤种	R^{o}_{max}/%	工业分析/%			元素分析/%				显微组分/%			
		水分	灰分	挥发分	C	H	O	S	镜质组	半镜质组	惰质组	壳质组
无烟煤	2. 86	1. 65	5. 21	6. 12	86. 52	2. 64	6. 83	3. 32	86. 3	0	13. 7	0

注：R^{o}_{max}表示最大镜质组反射率。

表 2-2 煤样化学成分测试结果

煤种	化学成分/%								
	SiO_2	Al_2O_3	CaO	Fe_2O_3	SO_3	MgO	TiO_2	Na_2O	P_2O_5
无烟煤	24.83	22.14	11.87	26.27	10.81	0.9	0.09	0.19	0.13

按照内生裂隙网络和层理面等结构主平面将煤样加工为边长约 1 cm 的小立方块，共 4.5 kg，将其分为 9 组，每组重 500 g。

2.2.2 试验方案

电解液为 Na_2SO_4 溶液，作用时间为 120 h。按照电解液浓度和电位梯度不同设计了 9 种试验方案（表 2-3）。其中方案 1 用于研究经 Na_2SO_4 溶液浸泡 120 h 后烘干煤样的孔隙结构；方案 2~方案 5 用于研究相同电解液浓度（0.05 mol/L）时，电位梯度分别为 0.5、1、2、4 V/cm 时对煤孔隙结构的影响；方案 6~方案 9 用于研究相同电位梯度（1 V/cm）时，电解液浓度分别为 0、0.1、0.25、0.5 mol/L 对煤孔隙结构的影响。表中 R_a、R_i 和 R_c 分别代表阳极区域、中间区域和阴极区域。

表 2-3 试 验 方 案

方案	电解液浓度/($mol \cdot L^{-1}$)	电位梯度/($V \cdot cm^{-1}$)	取样位置
1	0.05	—	任意
2	0.05	0.5	R_a，R_i，R_c
3	0.05	1	R_a，R_i，R_c
4	0.05	2	R_a，R_i，R_c
5	0.05	4	R_a，R_i，R_c
6	0	1	R_a，R_i，R_c
7	0.1	1	R_a，R_i，R_c
8	0.25	1	R_a，R_i，R_c
9	0.5	1	R_a，R_i，R_c

2.2.3 试验过程

将9组试样分别置入9个电解槽中，均匀铺平。按照表2-3中的试验方案倒入相应浓度的电解液，至电解液浸没煤样。静置24 h后除去漂浮物。设定电位梯度进行电化学作用，同时记录电流、温度和不同区域的pH值。持续加电120 h后，按照方案编号和阳极区域、中间区域和阴极区域顺序取样并标号，依次为S_{na}、S_{ni}和S_{nc}。另外，方案1浸液煤样标号为S_1。最后用蒸馏水清洗改性煤样表面附着的电解质，并置入真空干燥箱烘干。

2.3 改性前后煤微小孔结构的液氮吸附测试与分析

2.3.1 测试原理

液氮吸附法测试适用于测定煤中微小孔的比表面积、孔容和孔径结构。测试的基本原理是：煤表面分子存在剩余的表面自由能，当气体分子碰到煤表面时，部分被吸附并释放吸附热。在恒定温度和压力的情况下，气体在煤表面达到吸附平衡，吸附量是相对压力（平衡压力P与饱和蒸汽压力P_0的比值）的函数。

2.3.2 测试仪器与性能

采用中国Beishide公司生产的3H-2000PS型液氮物理吸附仪测试煤样微小孔的孔隙结构。该仪器的测试范围为比表面积大于0.01 m^2/g，孔径为1.7~300 nm。

2.3.3 测试过程

将自然煤样和不同方案改性后的煤样破碎、研磨并分筛出粒径小于74 μm的颗粒；在200 K温度下持续抽真空12 h，除去呈物理吸附状态的挥发性物质；将煤粒置入吸附容器中，在液氮冷却条件下进行氮气等温物理吸附；通过测量不同相对压力的吸附、脱附量，绘制吸附、脱附等温线；通过BJH法计算孔径分布，根据BET方程计算比表面积。

2.3.4 测试结果及其分析

1. 自然煤样的孔隙结构

图 2-2 所示为自然煤样的孔径-比表面积和孔径-孔容微分积分分布曲线。可见，随着孔径的增大，自然煤样的微分比表面积和微分孔容快速下降，至孔径 10 nm 左右变化趋于平缓，并接近零，大致呈“L”形变化规律。自然煤样微孔（孔径 <10 nm）和小孔（孔径 = 10 ~ 100 nm）的累积比表面积（采用 BJH 法计算）分别为 7.59 m^2/g 和 0.26 m^2/g，分别占总比表面积 7.85 m^2/g 的 96.7% 和 3.3%。采用 BET 方程计算的总

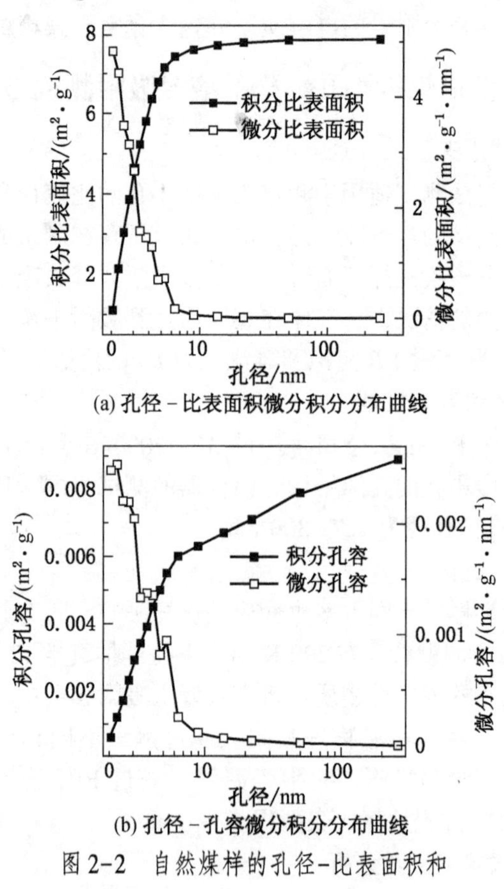

(a) 孔径 - 比表面积微分积分分布曲线

(b) 孔径 - 孔容微分积分分布曲线

图 2-2 自然煤样的孔径-比表面积和孔径-孔容微分积分分布曲线

比表面积为 1.735 m^2/g。自然煤样微孔和小孔的累积孔容分别为 0.0063 cm^3/g 和 0.0026 cm^3/g，分别占总孔容 0.0089 cm^3/g 的 70.8% 和 29.2%。自然煤样的平均孔径为 4.54 nm。

2. 改性煤样的孔隙结构及其变化规律

图 2-3 所示为方案 1［电解液浓度为 0.05 mol/L 和不加电（电位梯度为 0 V/cm）条件下］改性煤样的孔径-比表面积和孔径-孔容微分积分分布曲线。可见，曲线形态与自然煤样相同，但数值上有一定差异，其中微孔和小孔的累积比表面积分别为 3.6 m^2/g 和 0，

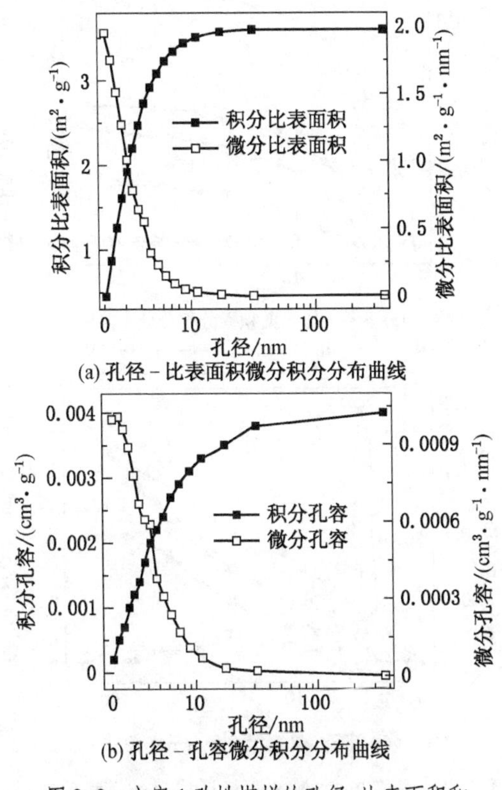

图 2-3　方案 1 改性煤样的孔径-比表面积和孔径-孔容微分积分分布曲线

分别占总比表面积3.6 m^2/g 的100%和0。采用BET方程计算的总比表面积为1.408 m^2/g。改性煤样微孔和小孔的累积孔容分别为0.0038 cm^3/g 和0.0002 cm^3/g，分别占总孔容0.004 cm^3/g 的95%和5%。改性煤样的平均孔径为4.44 nm。与自然煤样相比，方案1改性煤样的总比表面积、微孔孔容、小孔孔容和平均孔径减小。

图2-4～图2-6所示为方案2～方案5（电解液浓度为

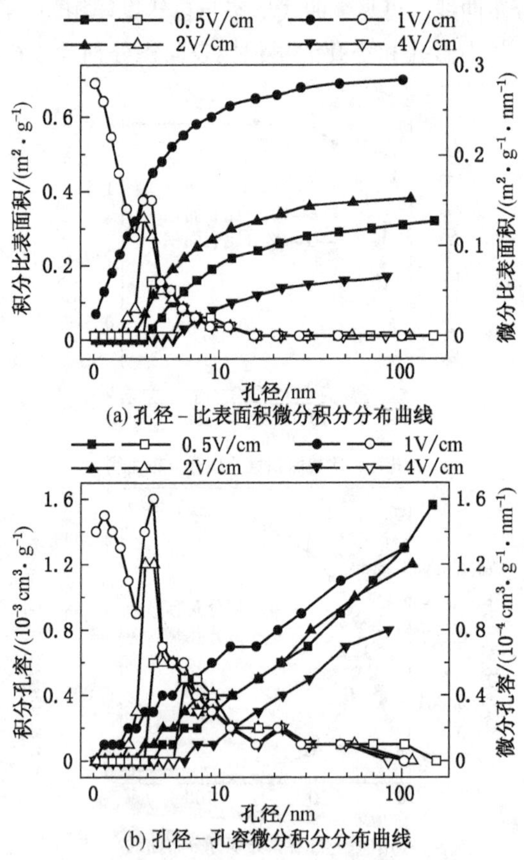

图2-4　方案2～方案5阳极区域改性煤样的孔径-比表面积和孔径-孔容微分积分分布曲线

0.05 mol/L 和电位梯度分别为 0.5、1、2 和 4 V/cm 条件下）阳极区域、中间区域和阴极区域改性煤样的孔径-比表面积和孔径-孔容微分积分分布曲线。与自然煤样的测试结果相比较，微分曲线形态发生了明显变化，由自然煤样的“L”形变为倒“V”形，即比表面积和孔容先快速升高，在孔径 4~5 nm 附近达到峰值点后快速下降，至孔径 10 nm 左右趋于平缓并趋于零。可见，改性明显减少了 4~5 nm 以下微孔隙的数量。方案 2~方案 5 阳极区域、中间区域和阴极区域改性煤样的比表面积、总孔容和平均孔径测试结果以及微孔与小孔孔容所占百分比统计结果见表 2-4。与自然煤样相比，电化学作用使煤样的比表面积、微孔孔容和总孔容减小，平均孔径增大。

表 2-4 方案 2~方案 5 改性煤样微小孔结构的测试结果及微小孔所占百分比统计结果

试样编号	改性区域	总比表面积*/($m^2 \cdot g^{-1}$)	总孔容/($cm^3 \cdot g^{-1}$)	微孔		小孔		平均孔径/nm
				孔容/($cm^3 \cdot g^{-1}$)	比例/%	孔容/($cm^3 \cdot g^{-1}$)	比例/%	
S_{2a}	阳极区域	0.0579	0.0016	0.0003	18.8	0.0013	81.3	20
S_{3a}	阳极区域	0.0497	0.0013	0.0006	46.2	0.0007	53.8	7.43
S_{4a}	阳极区域	0.0329	0.0012	0.0004	33.3	0.0008	66.7	12.63
S_{5a}	阳极区域	0.0238	0.0008	0.0001	12.5	0.0007	87.5	18.82
S_{2i}	中间区域	0.0585	0.0012	0.0004	33.3	0.0008	66.7	10.91
S_{3i}	中间区域	0.0512	0.0008	0.0003	37.5	0.0005	62.5	13.33
S_{4i}	中间区域	0.0344	0.0008	0.0003	37.5	0.0005	62.5	9.41
S_{5i}	中间区域	0.0254	0.0005	0	0.0	0.0005	100.0	33.33
S_{2c}	阴极区域	0.065	0.0027	0.0005	18.5	0.0022	81.5	18.31
S_{3c}	阴极区域	0.0543	0.0014	0.0005	35.7	0.0009	64.3	10.37
S_{4c}	阴极区域	0.0346	0.0024	0.0004	16.7	0.002	83.3	22.33
S_{5c}	阴极区域	0.0275	0.0011	0.0002	18.2	0.0009	81.8	20.95

注：* 表示采用 BET 方程计算。

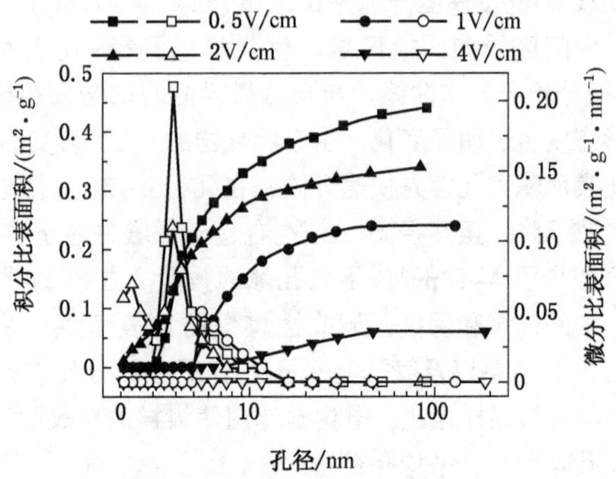

(a) 孔径－比表面积微分积分分布曲线

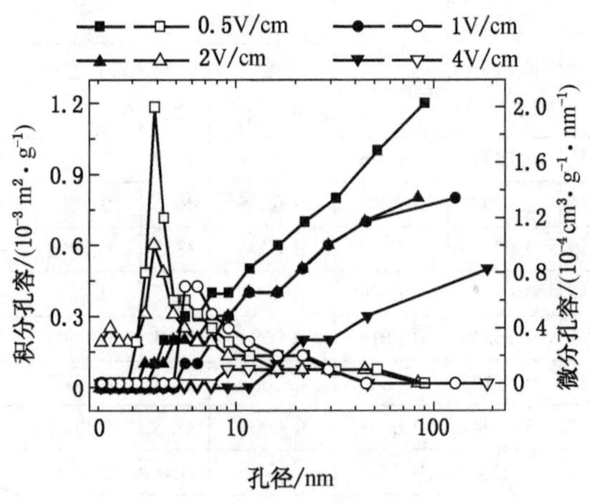

(b) 孔径－孔容微分积分分布曲线

图 2-5　方案 2~方案 5 中间区域改性煤样的孔径-比表面积和孔径-孔容微分积分分布曲线

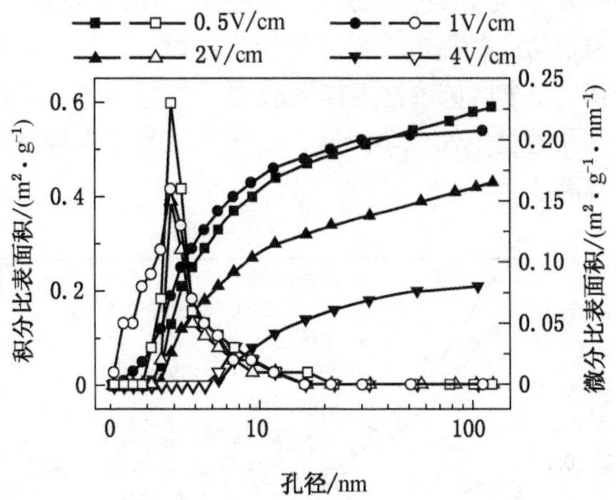

(a) 孔径－比表面积微分积分分布曲线

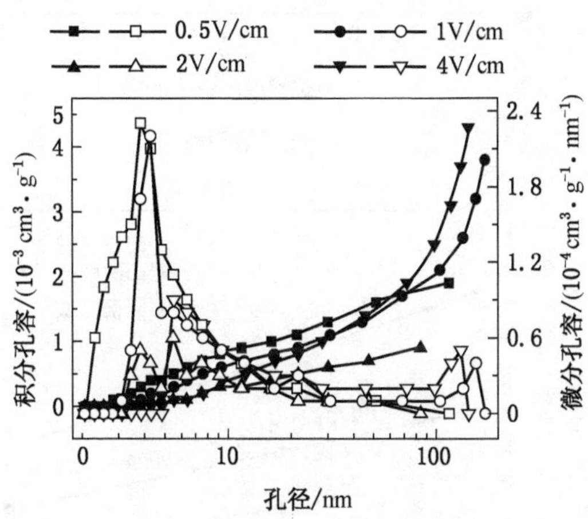

(b) 孔径－孔容微分积分分布曲线

图 2-6 方案 2~方案 5 阴极区域改性煤样的孔径-比表面积和孔径-孔容微分积分分布曲线

图 2-7 所示为方案 2～方案 5 改性煤样比表面积、总孔容、微孔孔容和平均孔径随电位梯度的变化规律。可见，随着电位梯度 P 的升高，3 个区域改性煤样比表面积均呈指数规律降低，总孔容和微孔孔容呈线性规律降低，中间区域改性煤样平均孔径呈线性规律升高。

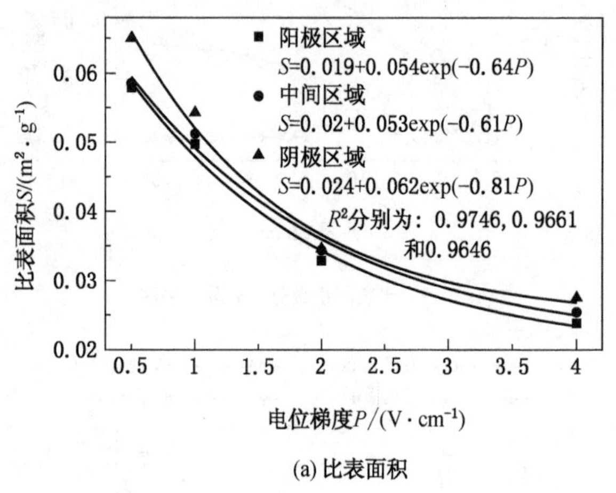

(a) 比表面积

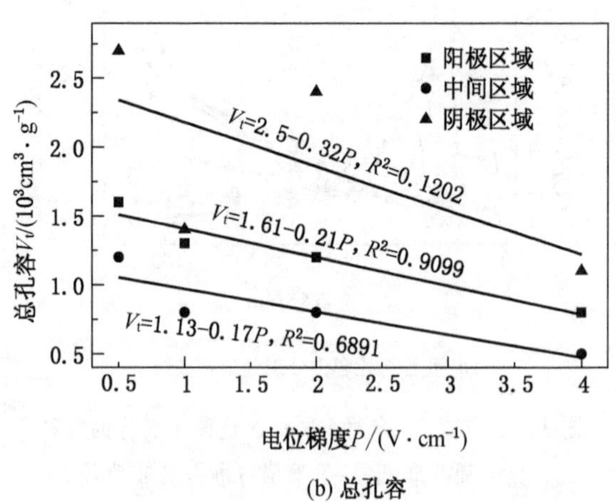

(b) 总孔容

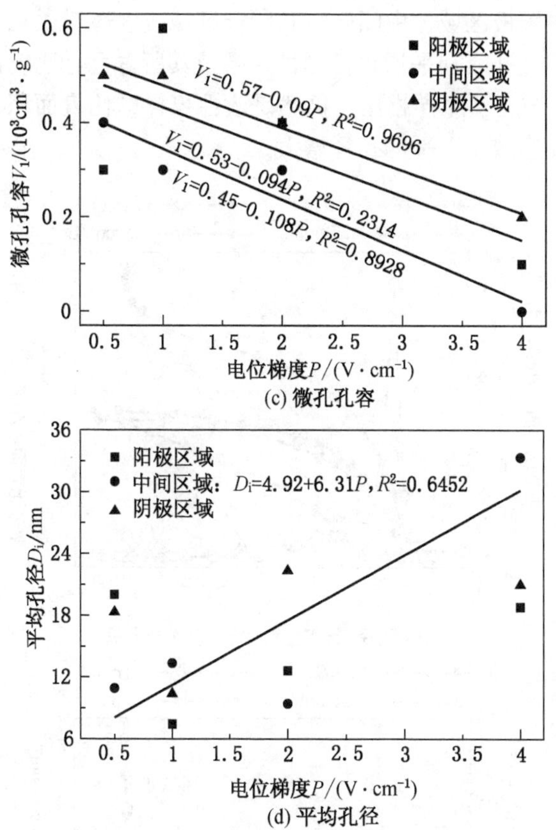

(c) 微孔孔容

(d) 平均孔径

图 2-7 方案 2~方案 5 改性煤样孔结构参数随电位梯度的变化规律

图 2-8~图 2-10 所示为方案 6~方案 9（电位梯度为 1 V/cm 和电解浓度分别为 0、0.1、0.25 和 0.5 mol/L 条件下）阳极区域、中间区域和阴极区域改性煤样的孔径-比表面积和孔径-孔容微分积分分布曲线。与自然煤样的测试结果相比较，也是微分曲线的形态发生了明显变化，由自然煤样的“L”形变为倒“V”形和“M”形。“M”形即微分孔容出现两个峰值点，分别分布在孔径 4 nm 和 100 nm 附近。可见，改性明显减少了 4~5 nm 以下微孔隙的数量，增加了 90 nm 以上中小孔隙的数量。方案 6~

方案9中阳极区域、中间区域和阴极区域改性煤样微孔和小孔的比表面积、孔容和平均孔径测试结果及其所占百分比统计结果见表2-5。与自然煤样相比，仍然是改性煤样的比表面积、微孔孔容和总孔容减小，平均孔径增大。

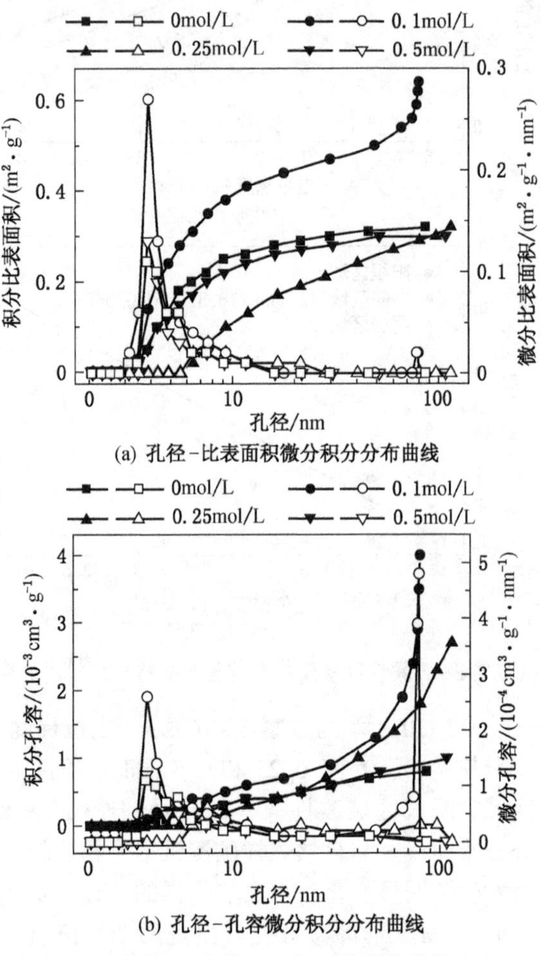

(a) 孔径-比表面积微分积分分布曲线

(b) 孔径-孔容微分积分分布曲线

图2-8 方案6~方案9阳极区域改性煤样孔径-比表面积和孔径-孔容的微分积分分布曲线

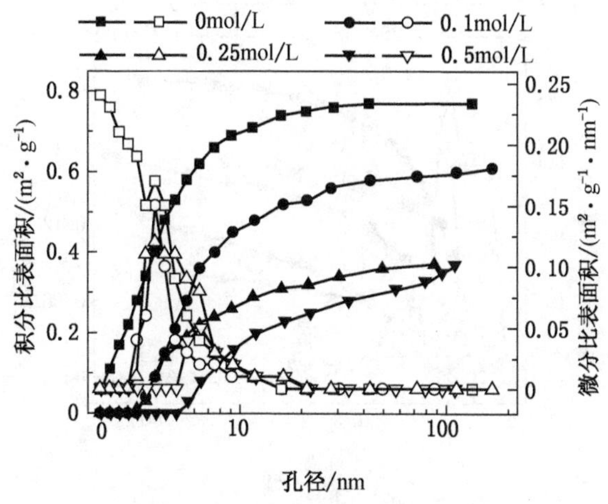

(a) 孔径 - 比表面积微分积分分布曲线

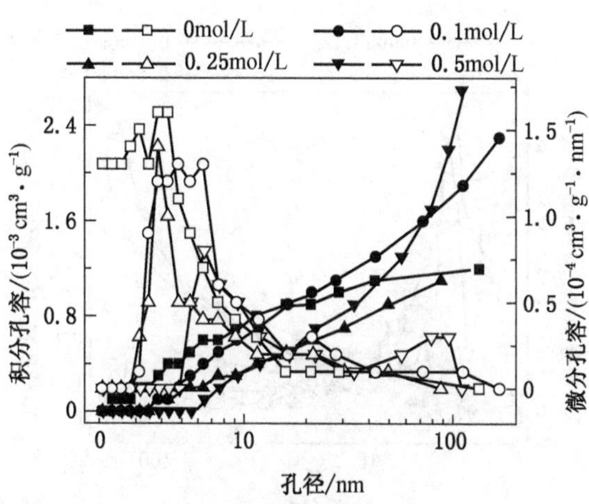

(b) 孔径 - 孔容微分积分分布曲线

图 2-9 方案 6~方案 9 中间区域改性煤样孔径-比表面积和孔径-孔容的微分积分分布曲线

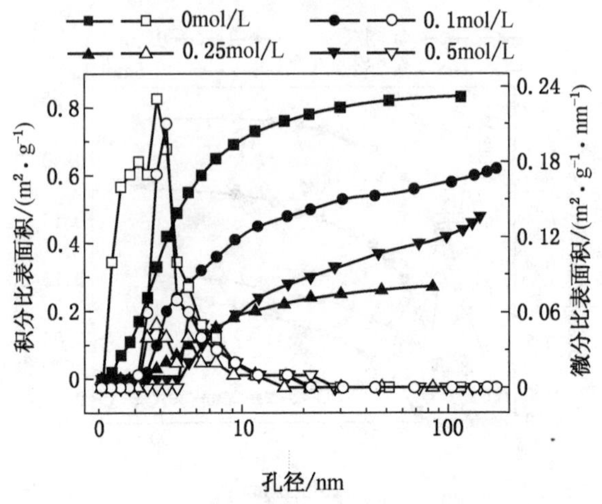

(a) 孔径－比表面积微分积分分布曲线

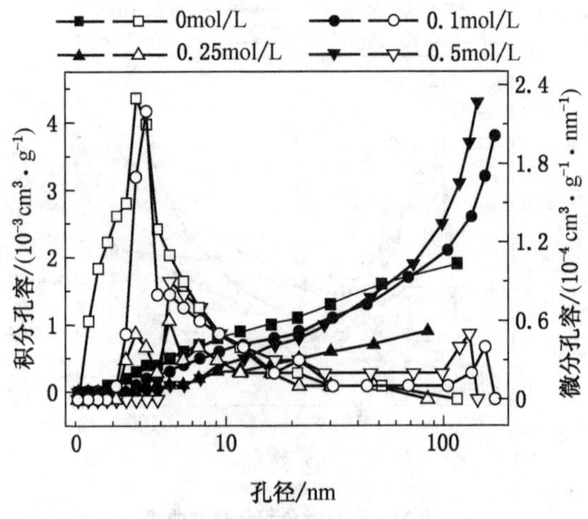

(b) 孔径－孔容微分积分分布曲线

图 2-10 方案 6~方案 9 阴极区域改性煤样孔径-比表面积和孔径-孔容的微分积分分布曲线

表2-5 方案6~方案9 3个区域改性煤样微小孔结构测试结果及其所占百分比统计结果

试样编号	改性区域	总比表面积/($m^2 \cdot g^{-1}$)	总孔容/($cm^3 \cdot g^{-1}$)	微孔		小孔		平均孔径/nm
				孔容/($cm^3 \cdot g^{-1}$)	比例/%	孔容/($cm^3 \cdot g^{-1}$)	比例/%	
S_{6a}	阳极区域	0.1032	0.0008	0.0003	37.5	0.0005	62.5	10
S_{7a}	阳极区域	0.0382	0.004	0.0005	12.5	0.0035	87.5	15.08
S_{8a}	阳极区域	0.0295	0.0027	0.0002	7.4	0.0025	92.6	33.75
S_{9a}	阳极区域	0.0286	0.001	0.0003	30.0	0.0007	70.0	13.33
S_{6i}	中间区域	0.1639	0.0012	0.0007	58.3	0.0005	41.7	6.23
S_{7i}	中间区域	0.0382	0.0023	0.0006	26.1	0.0017	73.9	15.08
S_{8i}	中间区域	0.0303	0.0011	0.0003	27.3	0.0008	72.7	11.89
S_{9i}	中间区域	0.0293	0.0027	0.0003	11.1	0.0024	88.9	35.83
S_{6c}	阴极区域	0.2272	0.0019	0.0008	42.1	0.0011	57.9	9.16
S_{7c}	阴极区域	0.0389	0.0038	0.0006	15.8	0.0032	84.2	24.52
S_{8c}	阴极区域	0.0314	0.0009	0.0003	33.3	0.0006	66.7	13.33
S_{9c}	阴极区域	0.0293	0.0043	0.0004	9.3	0.0039	90.7	29.19

图2-11所示为方案6~方案9改性煤样比表面积、总孔容、微孔孔容和平均孔径随电解液浓度的变化规律。可见，随着电解液浓度 C 的升高，3个区域改性煤样比表面积均呈指数规律降低，总孔容和平均孔径呈线性规律升高，微孔孔容呈线性规律降低。

2.3.5 电化学改变煤微小孔结构的分形表征

采用液氮吸附测试中的相对压力和吸附量数据按照下式分析煤微小孔隙的分形特征：

$$\ln\left(\frac{V}{V_0}\right) = \text{constant} + A\left[\ln\left(\ln\frac{P_0}{P}\right)\right] \tag{2-1}$$

式中 V——平衡压力 P 时吸附的气体体积，mL/g；

V_0——单分子层吸附的气体体积，mL/g；

P_0——气体的饱和蒸汽压；

A——幂指数常数。

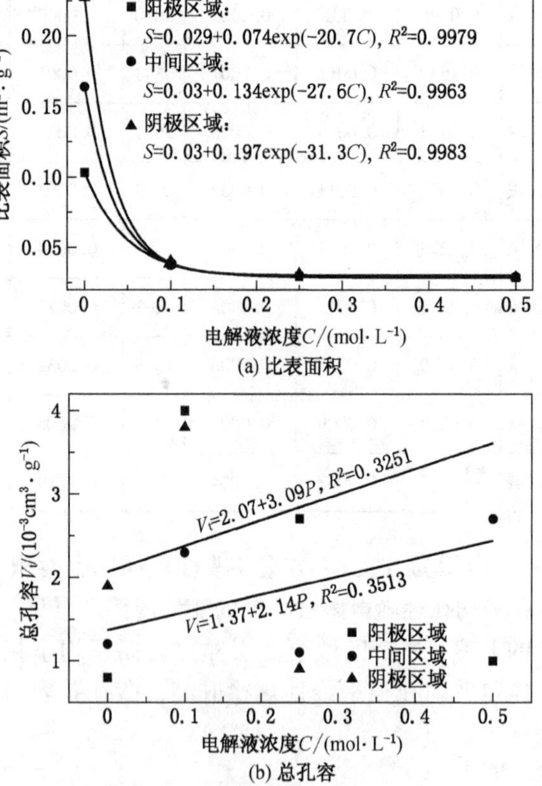

(a) 比表面积

(b) 总孔容

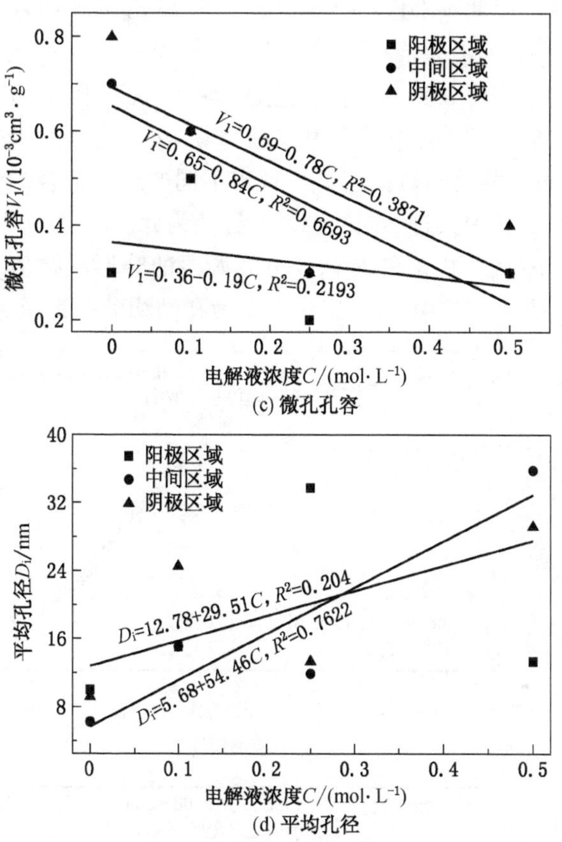

图 2-11 方案 6~方案 9 改性煤样孔隙结构随电解液浓度的变化规律

如果两个双对数数据 $\ln(V/V_0)$ 和 $\ln[\ln(P_0/P)]$ 之间具有显著的线性相关性，则煤微小孔隙具有分形特征，并通过式 (2-1) 的斜率 A 值计算分形维数：

$$D = A + 3 \tag{2-2}$$

本书对自然煤样和 25 个改性煤样建立液氮吸附量和相对压力的双对数曲线，如图 2-12 所示（由于 25 个改性煤样的双对数关系一致，因此本书仅示出 S_1、S_{3a}、S_{3i} 和 S_{3c} 4 个改性煤样的曲线）。可见，所有煤样在 $\ln[\ln(P_0/P)]$ 为-4.6~-1.8（对应的相对压力范围为 0.8~1，孔径范围为> 10 nm）和 $\ln[\ln(P_0/P)]$ 为-1~0.6（对应的相对压力范围为 0.196~0.74，孔径范围为 2.3~9 nm）两段的数据明显表现出不同的线性拟合。说明煤样在微孔和小孔中具有不同的分形特征。为此，应用式（2-2）计算 $0.2 < P/P_0 < 0.8$ 和 $P/P_0 > 0.8$ 两段的分形维数值，分别用 D_1 和 D_2 表示，其中，D_1 值代表煤微孔结构的分形维数，D_2 代

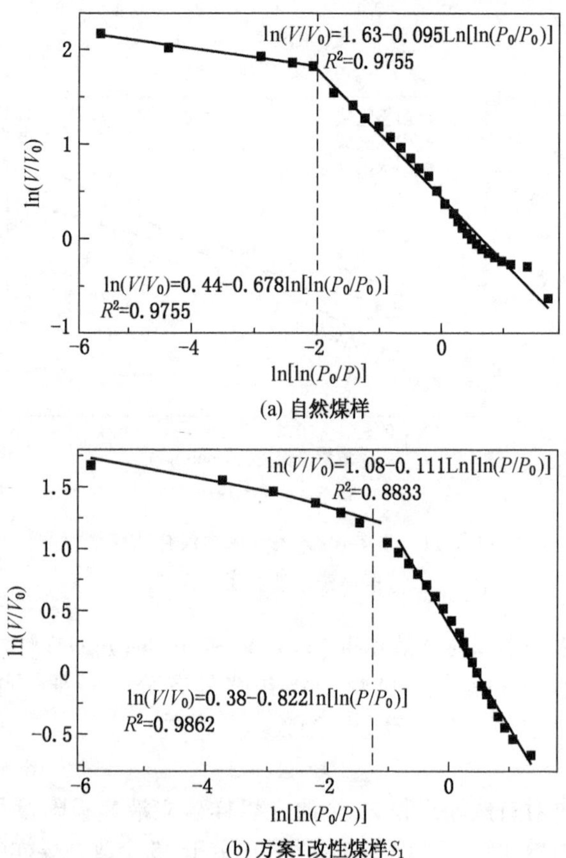

(a) 自然煤样

(b) 方案1改性煤样S_1

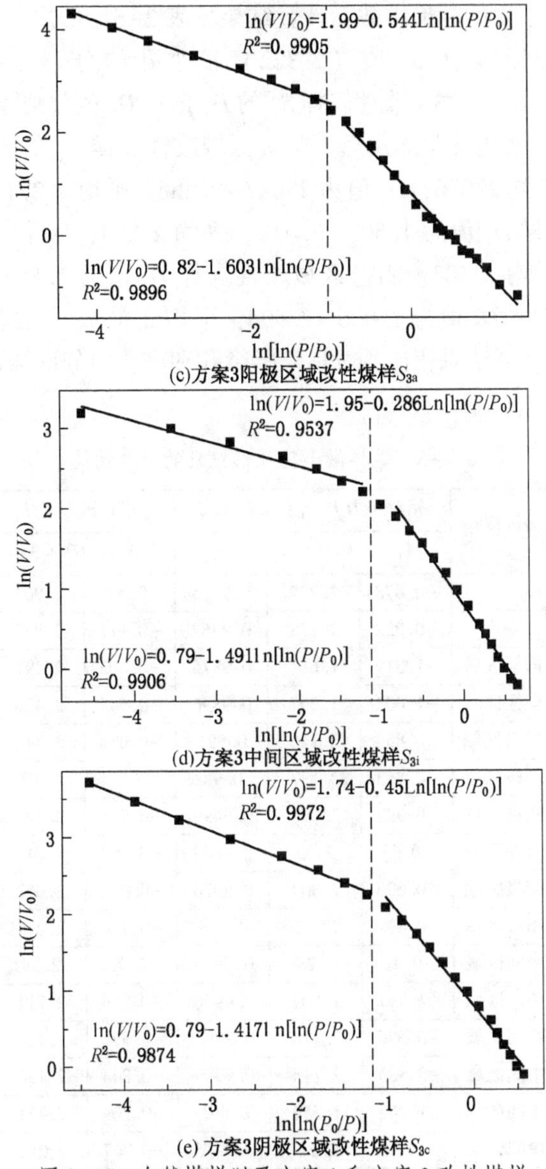

(c)方案3阳极区域改性煤样S_{3a}

(d)方案3中间区域改性煤样S_{3i}

(e) 方案3阴极区域改性煤样S_{3c}

图 2-12 自然煤样以及方案 1 和方案 3 改性煤样液氮吸附量和相对压力的双对数曲线

表煤小孔结构的分形维数，计算结果见表 2-6。可知，自然煤样微孔的分形维数 D_1 值（2.322）较小孔的分形维数 D_2 值（2.905）小。方案 1 改性煤样 S_1 的 D_1 值和 D_2 值分别降至 2.178 和 2.889。经电化学作用后，阳极区域改性煤样 D_1 值为 1.397～2.589，平均 2.076；D_2 值为 2.047～2.456，平均 2.274；中间区域改性煤样 D_1 值为 1.509～2.414，平均 2.094；D_2 值为 2.28～2.731，平均 2.383；阴极区域改性煤样 D_1 值为 1.583～2.527，平均 2.076；D_2 值为 2.006～2.594，平均 2.317。与自然煤样分形维数的计算结果相比，改性煤样微孔和小孔的分形维数均明显减小。

表 2-6　煤样微小孔分形维数的计算结果

试样编号	改性区域	相对压力 P/P_0：0.2～0.8			相对压力 P/P_0：0.8～1		
		A_1	$D_1=3+A_1$	R_1^2	A_2	$D_2=3+A_2$	R_2^2
自然煤样	—	−0.678	2.322	0.9755	−0.095	2.905	0.9755
S_1	—	−0.822	2.178	0.9862	−0.111	2.889	0.8833
S_{2a}	阳极区域	−1.319	1.681	0.9875	−0.703	2.297	0.9807
S_{3a}	阳极区域	−1.603	1.397	0.9896	−0.544	2.456	0.9905
S_{4a}	阳极区域	−0.854	2.146	0.991	−0.653	2.347	0.9893
S_{5a}	阳极区域	−0.863	2.137	0.98	−0.684	2.316	0.9822
S_{6a}	阳极区域	−0.993	2.007	0.9499	−0.598	2.402	0.9695
S_{7a}	阳极区域	−0.65	2.35	0.9809	−0.953	2.047	0.9872
S_{8a}	阳极区域	−0.696	2.304	0.9926	−0.948	2.052	0.9883
S_{9a}	阳极区域	−0.411	2.589	0.998	−0.726	2.274	0.976
S_{2i}	中间区域	−0.72	2.28	0.9893	−0.72	2.28	0.9893
S_{3i}	中间区域	−1.491	1.509	0.9906	−0.286	2.714	0.9537
S_{4i}	中间区域	−0.586	2.414	0.9898	−0.572	2.428	0.9773
S_{5i}	中间区域	−0.885	2.115	0.9989	−0.844	2.156	0.9701
S_{6i}	中间区域	−1.248	1.752	0.993	−0.269	2.731	0.9262
S_{7i}	中间区域	−0.78	2.22	0.9926	−0.707	2.293	0.9877
S_{8i}	中间区域	−0.766	2.234	0.9746	−0.766	2.234	0.9773

表2-6（续）

试样编号	改性区域	相对压力 P/P_0：0.2~0.8			相对压力 P/P_0：0.8~1		
		A_1	$D_1=3+A_1$	R_1^2	A_2	$D_2=3+A_2$	R_2^2
S_{9i}	中间区域	−0.769	2.231	0.9866	−0.773	2.227	0.9707
S_{2c}	阴极区域	−1.235	1.765	0.9746	−0.676	2.324	0.9789
S_{3c}	阴极区域	−1.417	1.583	0.9874	−0.45	2.55	0.9972
S_{4c}	阴极区域	−0.95	2.05	0.9572	−0.837	2.163	0.9896
S_{5c}	阴极区域	−0.56	2.44	0.9833	−0.716	2.284	0.9901
S_{6c}	阴极区域	−1.3	1.7	0.9934	−0.406	2.594	0.9802
S_{7c}	阴极区域	−0.883	2.117	0.9919	−0.807	2.193	0.9906
S_{8c}	阴极区域	−0.575	2.425	0.9891	−0.576	2.424	0.9732
S_{9c}	阴极区域	−0.473	2.527	0.9883	−0.994	2.006	0.991

2.4 改性前后煤中大孔结构的压汞测试与分析

2.4.1 测试原理

压汞法主要用于测定煤中大孔的孔隙率、孔容和孔径结构等信息。测试的基本原理是将液态汞压入已经预抽真空的煤的孔隙系统，逐渐增加进汞压力，使汞能探测更小的孔隙，进汞压力越高，探测的孔径范围越大。

2.4.2 测试仪器与性能

采用美国 Quantachrome 公司生产的 PoreMaster 33G 型压汞仪测试煤样中大孔的孔隙结构。该仪器的汞压范围为 0.0056~204 MPa，对应的测试孔径范围为 7~263900 nm。

2.4.3 测试过程

将煤样密封于膨胀计，对膨胀计抽真空至小于 50 μmmHg；填充汞并施加压力，记录进汞量随压力的变化；通过 Washburn 方程可计算煤样的孔径分布。

$$r = \frac{-2\sigma\cos\theta}{P} \tag{2-3}$$

式中 P——汞压力，MPa；

r——压力 P 对应的孔径，μm；

θ——汞蒸气和煤表面的接触角，一般取 143°；

σ——表面张力，一般取 0.48 J/m^2。

2.4.4 测试结果及其分析

1. 自然煤样的孔隙结构

图 2-13 所示为自然煤样的孔径-比表面积和孔径-孔容微

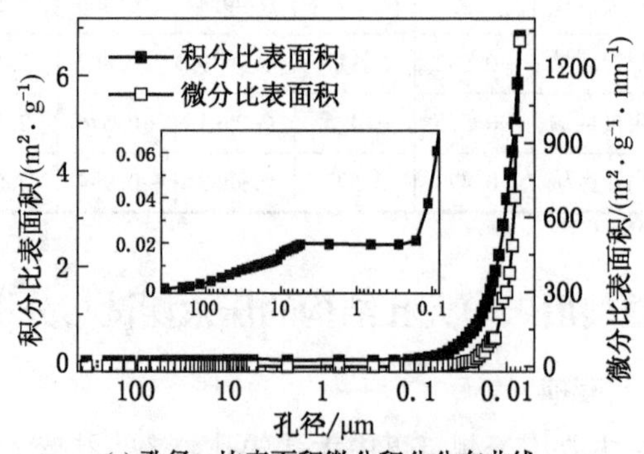

(a) 孔径-比表面积微分积分分布曲线

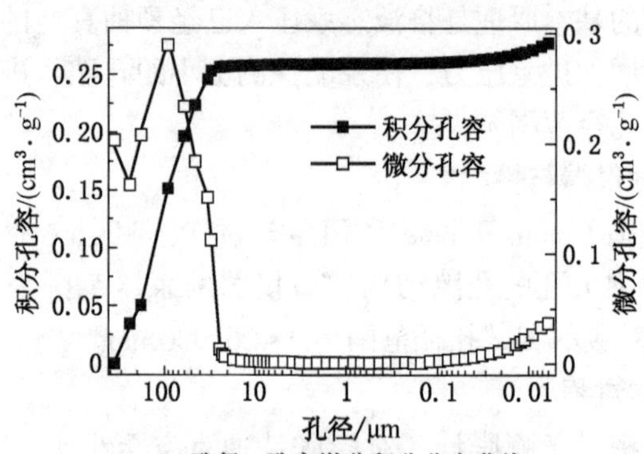

(b) 孔径-孔容微分积分分布曲线

图 2-13 自然煤样的孔径-比表面积和孔径-孔容微分积分分布曲线

分积分分布曲线。可见，随着孔径的减小，自然煤样的微分比表面积基本不变且接近零，至孔径 0.1 μm 附近开始快速升高，在孔径 7 nm 处大幅增至 1312 $m^2/(g \cdot nm)$；自然煤样的微分孔容快速升高，在孔径 91.2 μm 到达峰值点后快速降低，至孔径 20 μm 左右变化趋于平缓，并接近零，至孔径 0.1 μm 附近又略微上升，大致呈倾斜的“N”字形变化规律。Frisen 等研究发现在煤的压汞测试中，汞压大于 10 MPa（对应孔径为 0.1 μm）增加的进汞量以及计算的微分比表面积的大幅升高主要是由于煤受到高压汞的压缩，因此需要对测试数据进行校正。本书将汞压大于 10 MPa 的数据舍去，即仅分析孔径大于 0.1 μm 的中大孔结构。自然煤样中孔（孔径=0.1~1 μm）的累积比表面积为 0.0428 m^2/g，大孔（孔径大于 1 μm）的累积比表面积为 0.0195 m^2/g，分别占总比表面积 0.0623 m^2/g 的 68.7% 和 31.3%。自然煤样中孔和大孔的累积孔容分别为 0.001 cm^3/g 和 0.2588 cm^3/g，分别占总孔容 0.2598 cm^3/g 的 0.38% 和 99.62%。自然煤样的平均孔径为 16.68 μm，孔隙率为 26.51%。

2. 改性煤样的孔隙结构及其变化规律

图 2-14 所示为方案 1［电解液浓度为 0.05 mol/L 和不加电（电位梯度为 0）条件下］改性煤样的孔径-比表面积和孔径-孔容微分积分分布曲线。可见，曲线形态与自然煤样相同，但数值上有一定差异，其中中孔和大孔的累积比表面积分别为 0.0378 m^2/g 和 0.0255 m^2/g，分别占总比表面积 0.0633 m^2/g 的 59.7% 和 40.3%。中孔和大孔的累积孔容分别为 0.0027 cm^3/g 和 0.3324 cm^3/g，分别占总孔容 0.3351 cm^3/g 的 0.81% 和 99.19%。改性煤样的平均孔径为 21.17 μm，孔隙率为 32.7%。与自然煤样相比，总比表面积减小，中孔孔容、大孔孔容、平均孔径和孔隙率增大。

图 2-15~图 2-17 所示为方案 2~方案 5（电解液浓度为

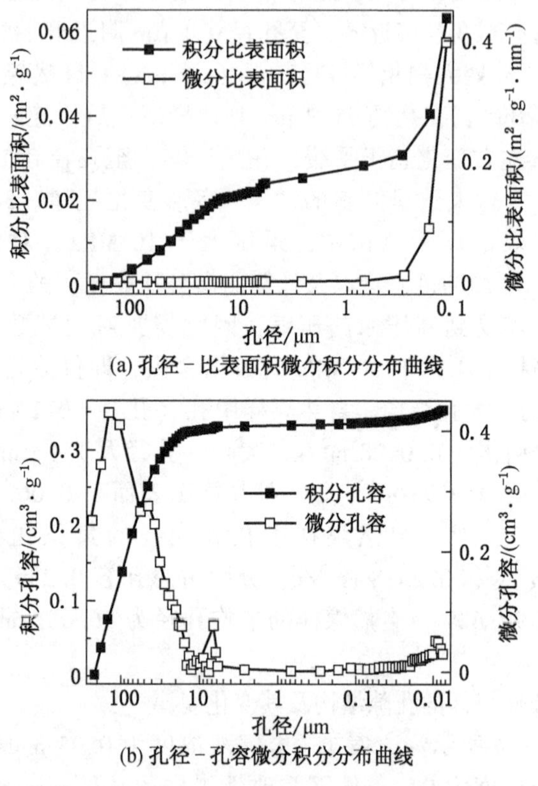

(a) 孔径－比表面积微分积分分布曲线

(b) 孔径－孔容微分积分分布曲线

图 2-14　方案 1 改性煤样的孔径-比表面积和
孔径-孔容微分积分分布曲线

0.05 mol/L 和电位梯度分别为 0.5、1、2 和 4 V/cm 条件下）阳极区域、中间区域和阴极区域改性煤样的孔径-比表面积和孔径-孔容微分积分分布曲线。与自然煤样的测试结果相比较，微分孔容曲线形态发生了明显变化，在孔径 10~100 μm 之间出现新的峰值点，阳极区域改性煤样的新增峰值点主要集中在孔径 20 μm 附近，中间区域和阴极区域改性煤样的新增峰值点主要集中在孔径 20 μm、30 μm 和 50 μm 附近。可见，改性明显增加了 20~50 μm 之间大孔的数量。方案 2~方案 5 中阳极区域、中间区域和阴极区域改性煤样的比表面积、总孔容、平均孔径和孔隙率测试结果以及中孔和大孔孔容所占百分比统计结果见表 2-7，与自然煤样相比，电化学作用使煤样的比表面积减小，总孔容、平均孔径和孔隙率增大。

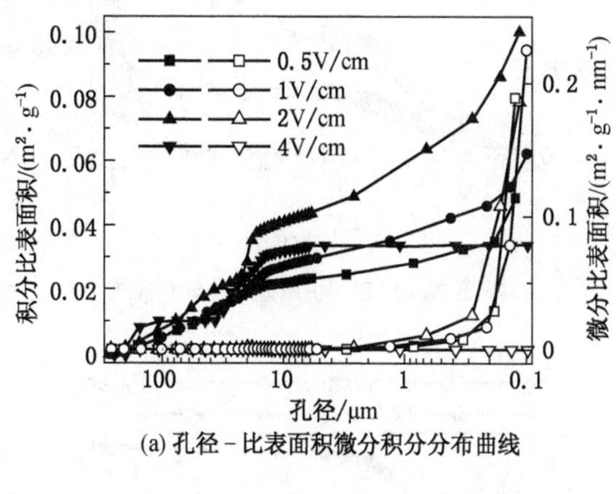

(a) 孔径 - 比表面积微分积分分布曲线

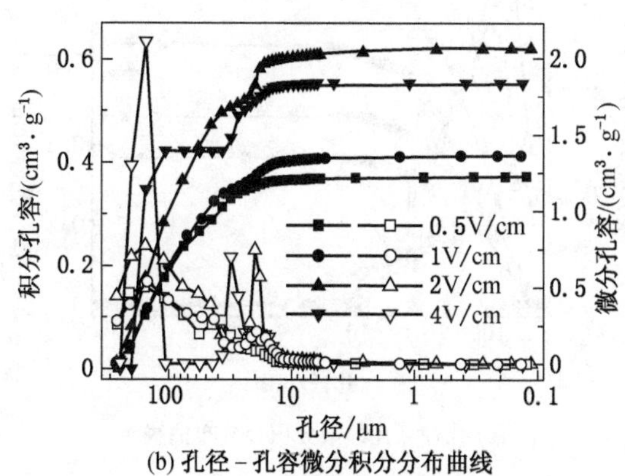

(b) 孔径 - 孔容微分积分分布曲线

图 2-15 方案 2~方案 5 阳极区域改性煤样的孔径-比表面积和孔径-孔容微分积分分布曲线

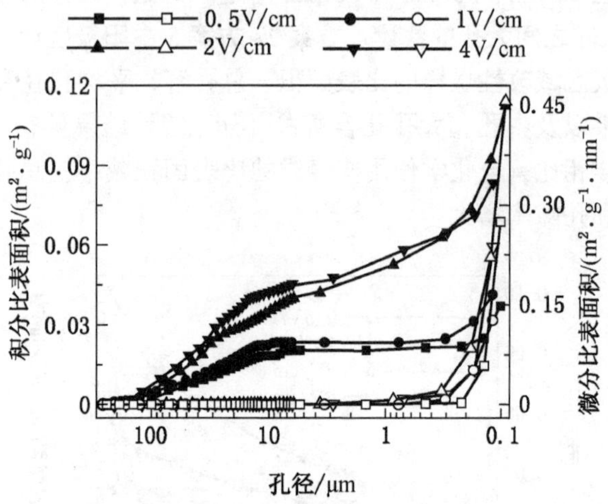

(a) 孔径－比表面积微分积分分布曲线

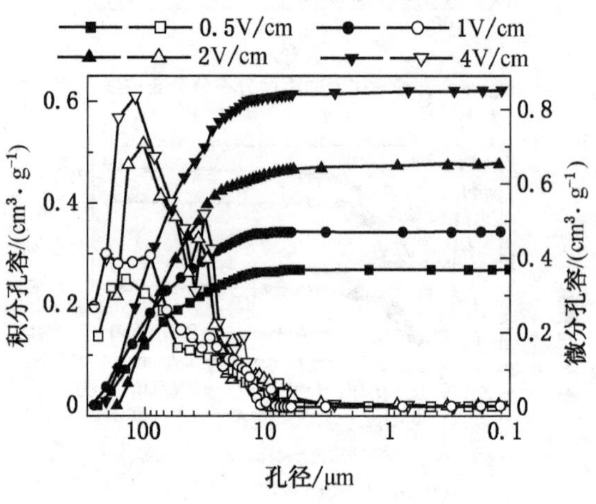

(b) 孔径－孔容微分积分分布曲线

图 2-16　方案 2~方案 5 中间区域改性煤样的孔径-比表面积和孔径-孔容微分积分分布曲线

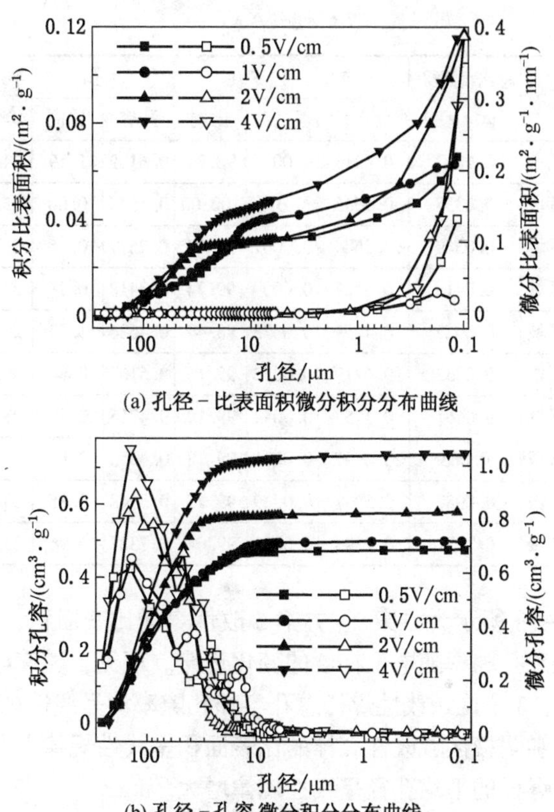

(a) 孔径-比表面积微分积分分布曲线

(b) 孔径-孔容微分积分分布曲线

图 2-17 方案 2~方案 5 阴极区域改性煤样的孔径-比表面积和孔径-孔容微分积分分布曲线

表 2-7 方案 2~方案 5 3 个区域改性煤样中大孔结构测试结果及其所占百分比统计结果

试样编号	改性区域	总比表面积/($m^2 \cdot g^{-1}$)	总孔容/($cm^3 \cdot g^{-1}$)	中孔		大孔		平均孔径/μm	孔隙率/%
				孔容	比例	孔容	比例		
S_{2a}	阳极区域	0.0485	0.3733	0.0027	99.28	0.3706	0.72	30.51	42.02
S_{3a}	阳极区域	0.0623	0.414	0.0022	99.47	0.4118	0.53	26.58	41.76

表 2-7（续）

试样编号	改性区域	总比表面积/($m^2 \cdot g^{-1}$)	总孔容/($cm^3 \cdot g^{-1}$)	中孔		大孔		平均孔径/μm	孔隙率/%
				孔容	比例	孔容	比例		
S_{4a}	阳极区域	0.1002	0.6213	0.0074	98.81	0.6139	1.19	24.80	46.69
S_{5a}	阳极区域	0.0338	0.5545	0	100.00	0.5545	0.00	65.62	47.47
S_{2i}	中间区域	0.0369	0.2684	0.0007	99.74	0.2677	0.26	29.09	35.33
S_{3i}	中间区域	0.0413	0.3427	0.0009	99.74	0.3418	0.26	33.19	46.85
S_{4i}	中间区域	0.0922	0.4759	0.0073	98.47	0.4686	1.53	20.65	50.66
S_{5i}	中间区域	0.0833	0.6219	0.0052	99.16	0.6167	0.84	29.86	56.06
S_{2c}	阴极区域	0.0661	0.4758	0.0042	99.12	0.4716	0.88	28.79	42.83
S_{3c}	阴极区域	0.063	0.4997	0.0041	99.18	0.4956	0.82	31.73	45.41
S_{4c}	阴极区域	0.0987	0.5797	0.0049	99.15	0.5748	0.85	23.49	51.67
S_{5c}	阴极区域	0.1151	0.7398	0.0071	99.04	0.7327	0.96	25.71	58.11

图 2-18 所示为方案 2~方案 5 改性煤样比表面积、总孔容、平均孔径和孔隙率随电位梯度的变化规律。可见，随着电位梯度 P 的升高，3 个区域改性煤样总孔容和孔隙率均呈线性规律升高，中间区域和阴极区域改性煤样的比表面积呈线性规律上升，阳极区域改性煤样的平均孔径呈线性规律增大。

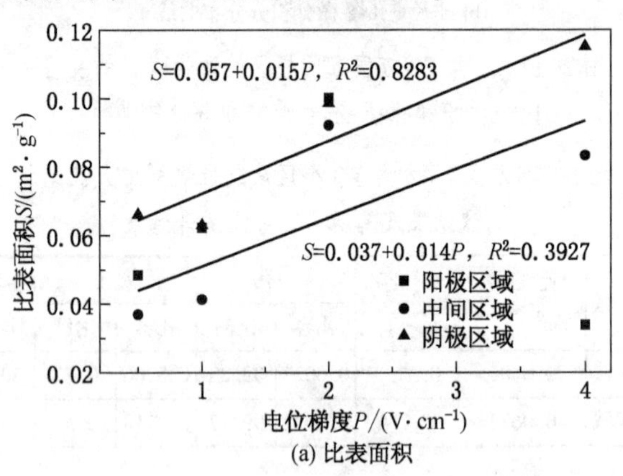

(a) 比表面积

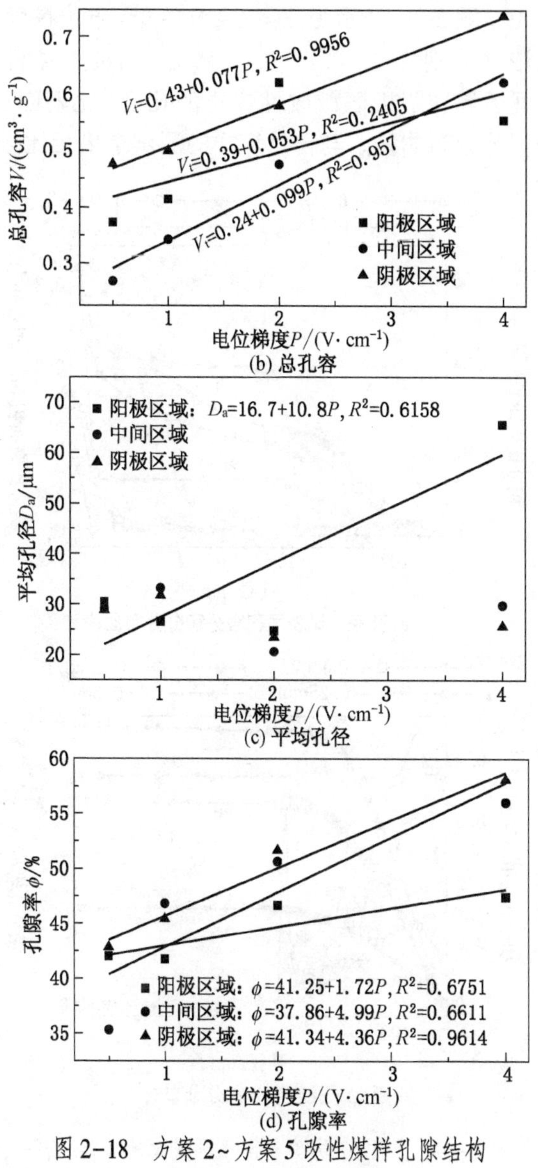

图 2-18 方案 2~方案 5 改性煤样孔隙结构参数随电位梯度的变化规律

图 2-19~图 2-21 所示为方案 6~方案 9（电位梯度为 1 V/cm 和电解液浓度分别为 0、0.1、0.25 和 0.5 mol/L 条件下）阳极区域、中间区域和阴极区域改性煤样的孔径-比表面积和孔径-孔容微分积分分布曲线。与自然煤样的测试结果相比较，也是微

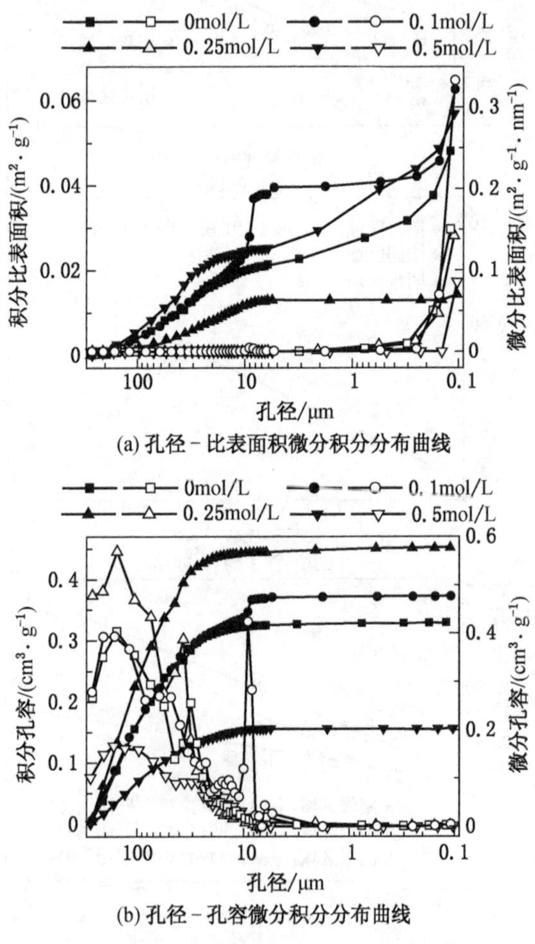

(a) 孔径-比表面积微分积分分布曲线

(b) 孔径-孔容微分积分分布曲线

图 2-19　方案 6~方案 9 阳极区域改性煤样孔径-比表面积和孔径-孔容的微分积分分布曲线

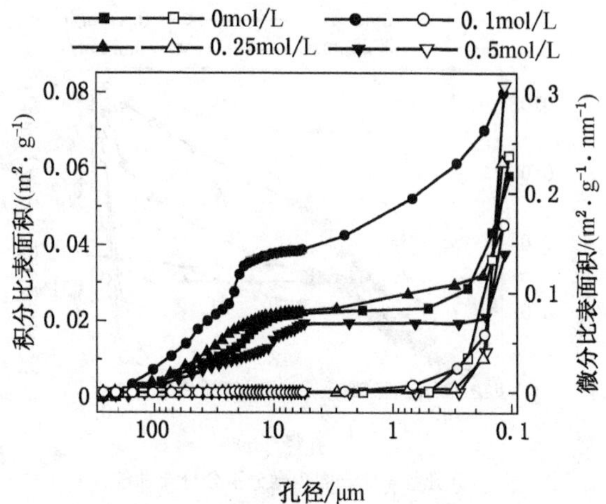

(a) 孔径-比表面积微分积分分布曲线

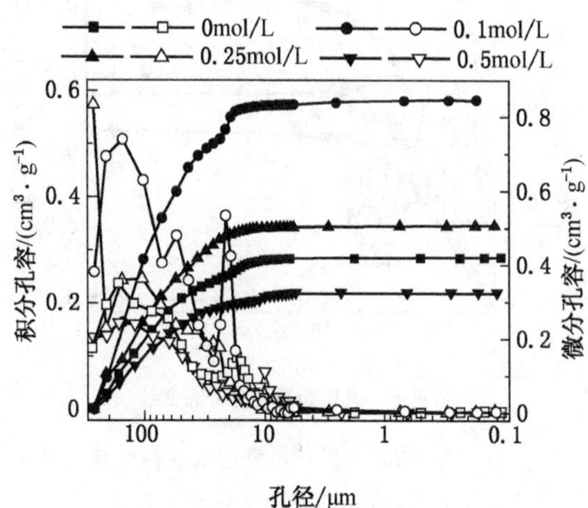

(b) 孔径-孔容微分积分分布曲线

图 2-20 方案 6~方案 9 中间区域改性煤样孔径-比表面积和孔径-孔容的微分积分分布曲线

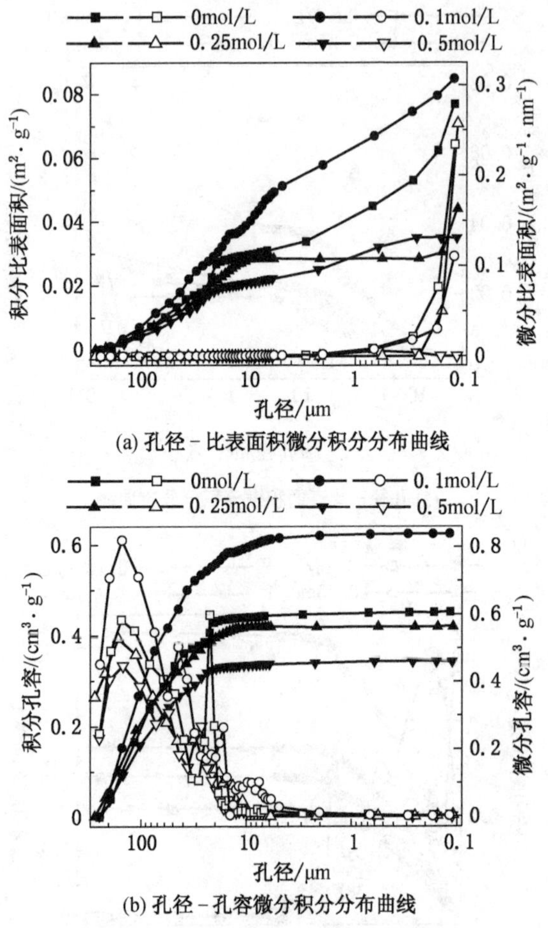

(a) 孔径－比表面积微分积分分布曲线

(b) 孔径－孔容微分积分分布曲线

图 2-21　方案 6~方案 9 阴极区域改性煤样孔径-比表面积和孔径-孔容的微分积分分布曲线

分曲线的形态发生了明显变化，在孔径 9~50 μm 之间增加了一些新的峰值，说明该孔径范围内的孔隙数量增多。方案 6~方案 9 中阳极区域、中间区域和阴极区域改性煤样的比表面积、总孔容、平均孔径和孔隙率测试结果及其所占百分比统计结果见表2-8，与自然煤样相比，除方案9的改性煤样外，电化学作用使煤样的比表面积、总孔容、平均孔径和孔隙率增大。

表2-8 方案6~方案9 3个区域改性煤样中大孔结构测试结果及其所占百分比统计结果

试样编号	改性区域	总比表面积/($m^2 \cdot g^{-1}$)	总孔容/($cm^3 \cdot g^{-1}$)	中孔		大孔		平均孔径/μm	孔隙率/%
				孔容	比例	孔容	比例		
S_{6a}	阳极区域	0.0481	0.3296	0.0031	0.94	0.3265	99.06	27.41	33.66
S_{7a}	阳极区域	0.0626	0.3728	0.0011	0.30	0.3717	99.70	23.82	35.93
S_{8a}	阳极区域	0.0569	0.4519	0.0038	0.84	0.4481	99.16	31.77	40.49
S_{9a}	阳极区域	0.0143	0.1564	0.0001	0.06	0.1563	99.94	43.75	19.55
S_{6i}	中间区域	0.0581	0.2863	0.0017	0.59	0.2846	99.41	19.71	34.34
S_{7i}	中间区域	0.08	0.5828	0.0051	0.88	0.5777	99.12	29.14	34.96
S_{8i}	中间区域	0.045	0.3464	0.0023	0.66	0.3441	99.34	30.79	34.9
S_{9i}	中间区域	0.0376	0.2208	0.0006	0.27	0.2202	99.73	23.49	24.45
S_{6c}	阴极区域	0.0768	0.4522	0.0059	1.30	0.4463	98.70	23.55	40.91
S_{7c}	阴极区域	0.085	0.624	0.0041	0.66	0.6199	99.34	29.36	49.03
S_{8c}	阴极区域	0.044	0.42	0.0005	0.12	0.4195	99.88	38.18	39.85
S_{9c}	阴极区域	0.0349	0.3421	0.0024	0.70	0.3397	99.30	39.21	34.92

图2-22所示为方案6~方案9改性煤样比表面积、总孔容、平均孔径和孔隙率随电解液浓度的变化规律。可见，随着电解液浓度 C 的升高，3个区域改性煤样比表面积、总孔容和孔隙率呈倒U形变化规律，平均孔径呈线性规律增大。

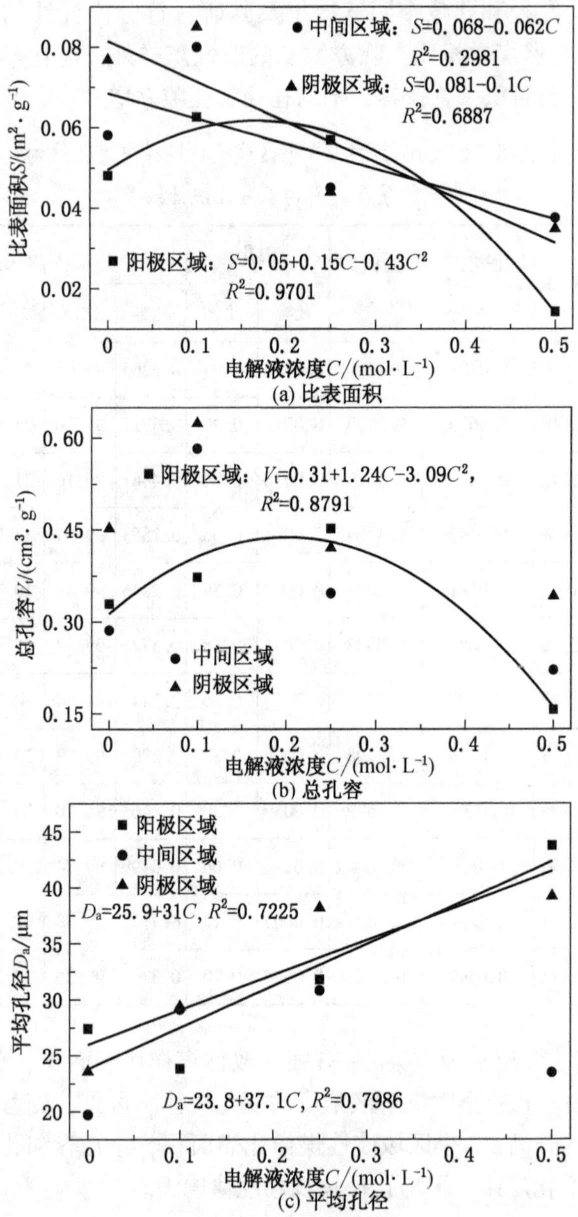

(a) 比表面积

(b) 总孔容

(c) 平均孔径

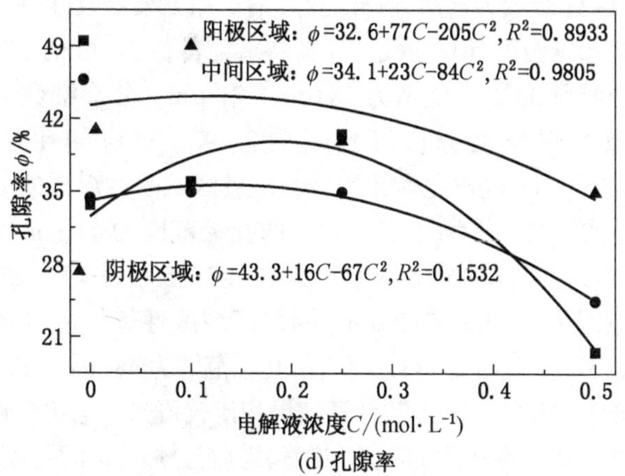

(d) 孔隙率

图 2-22　方案 6~方案 9 改性煤样孔隙结构参数随电解液浓度的变化规律

2.4.5　电化学改变煤中大孔结构的分形表征

采用压汞过程中的进汞体积与对应孔径数据按照下式分析煤中大孔的分形特征：

$$\log\left(\frac{\mathrm{d}V_{\mathrm{r}}}{\mathrm{d}r}\right) \propto (2 - D_{\mathrm{s}})\log(r) \tag{2-4}$$

式中　V_{r}——累积进汞体积，cm/g；

r——某压力下汞侵入所探测的孔径，μm；

D_{s}——孔表面的分形维数。

联立式（2-4）与式（2-3）可得到进汞体积、压力和分形维数关系：

$$\log\left(\frac{\mathrm{d}V_{\mathrm{p}}}{\mathrm{d}p}\right) \propto (4 - D_{\mathrm{s}})\log(p) \tag{2-5}$$

如果两个双对数数据 $\log(\mathrm{d}V_{\mathrm{p}}/\mathrm{d}p)$ 和 $\log p$ 之间具有显著的线性相关性，则煤样的中大孔具有分形特征，分形维数可通过该线型曲线的斜率 A 来计算，计算式为：$D=4+A$。

图 2-23 所示为自然煤样以及方案 1 和方案 6 改性煤样中大孔结构的分形维数的计算曲线，计算结果见表 2-9。可见，自然煤样具有分形特征的孔径范围为 283 nm ~ 21 μm，分形维数为 2. 631。方案 1 改性煤样的分形维数降至 2. 497，对应的孔径范围为 116 nm ~ 56 μm。经电化学作用后，阳极区域改性煤样的分形维数为 2. 161 ~ 2. 372，平均 2. 25，对应的孔径范围为 44 nm ~ 248 μm；中间区域改性煤样的分形维数为 2. 161 ~ 2. 353，平均 2. 254，对应的孔径范围为 50 nm ~ 210 μm；阴极区域改性煤样的分形维数为 2. 114 ~ 2. 377，平均 2. 233，对应的孔径范围为 48 nm ~ 230 μm。与自然煤样中大孔的分形维数计算结果相比较可知，电化学作用可以降低煤样中大孔的分形维数，并增宽其具有分形特征的孔径范围。

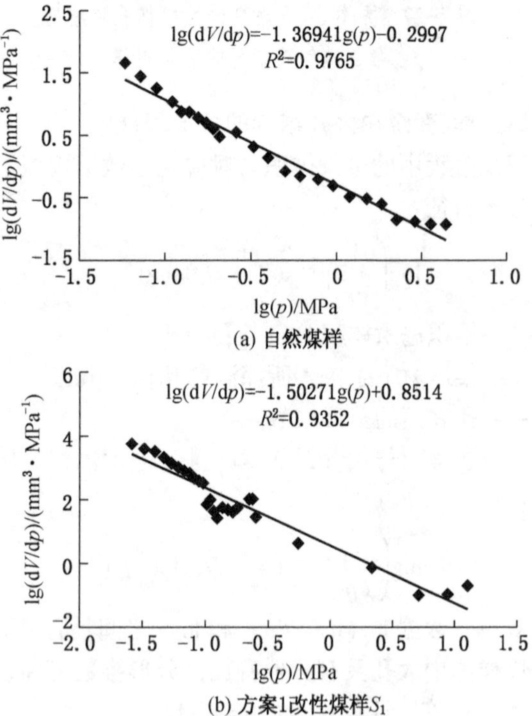

(a) 自然煤样

(b) 方案1改性煤样S_1

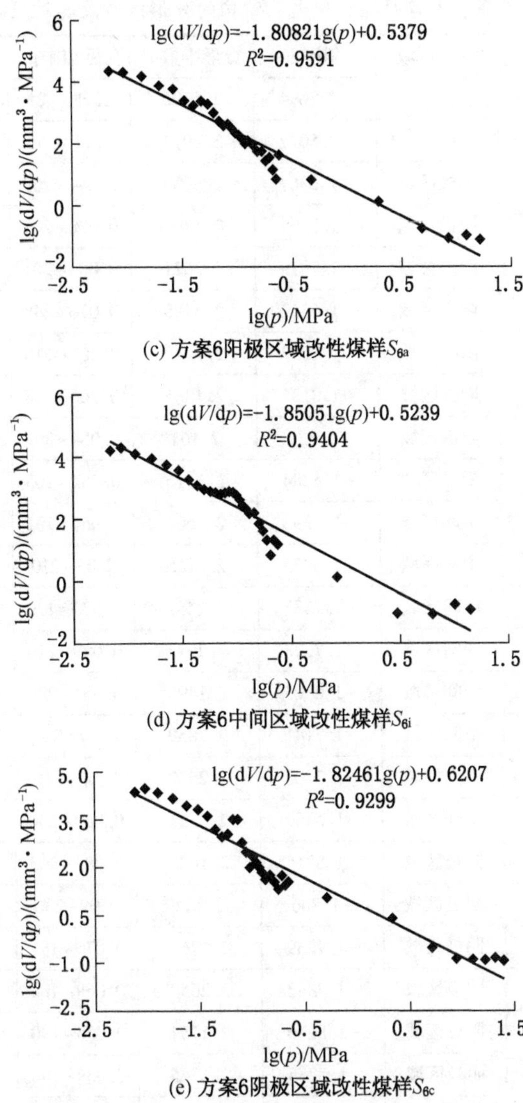

(c) 方案6阳极区域改性煤样S_{6a}

(d) 方案6中间区域改性煤样S_{6i}

(e) 方案6阴极区域改性煤样S_{6c}

图 2-23 自然煤样以及方案 1 和方案 6 改性煤样中大孔结构的分形维数计算曲线

表 2-9 自然煤样和改性煤样中大孔结构的分形维数及其对应的孔径范围

煤样编号	改性区域	斜率 k	分形维数 D	孔径范围/μm	相关系数
自然煤样	—	−1. 3694	2. 6306	0. 283~21	0. 9765
S_1	—	−1. 5027	2. 4973	0. 116~56	0. 9352
S_{2a}	阳极区域	−1. 6367	2. 3633	0. 044~209	0. 9442
S_{3a}	阳极区域	−1. 8259	2. 1741	0. 078~207	0. 9723
S_{4a}	阳极区域	−1. 7979	2. 2021	0. 086~201	0. 9528
S_{5a}	阳极区域	−1. 6512	2. 3488	0. 076~248	0. 8321
S_{6a}	阳极区域	−1. 8082	2. 1918	0. 089~210	0. 9591
S_{7a}	阳极区域	−1. 8135	2. 1865	0. 066~208	0. 9242
S_{8a}	阳极区域	−1. 839	2. 161	0. 084~209	0. 9502
S_{9a}	阳极区域	−1. 6284	2. 3716	0. 064~205	0. 9601
S_{2i}	中间区域	−1. 8393	2. 1607	0. 064~191	0. 9127
S_{3i}	中间区域	−1. 6835	2. 3165	0. 05~210	0. 9567
S_{4i}	中间区域	−1. 7533	2. 2467	0. 073~170	0. 9807
S_{5i}	中间区域	−1. 7328	2. 2672	0. 059~210	0. 9648
S_{6i}	中间区域	−1. 8505	2. 1495	0. 054~209	0. 9404
S_{7i}	中间区域	−1. 7141	2. 2859	0. 07~203	0. 9195
S_{8i}	中间区域	−1. 7468	2. 2532	0. 05~210	0. 9589
S_{9i}	中间区域	−1. 6469	2. 3531	0. 069~208	0. 9474
S_{2c}	阴极区域	−1. 8315	2. 1685	0. 087~203	0. 9481
S_{3c}	阴极区域	−1. 886	2. 114	0. 09~230	0. 9579
S_{4c}	阴极区域	−1. 7239	2. 2761	0. 076~181	0. 8686
S_{5c}	阴极区域	−1. 7342	2. 2658	0. 069~182	0. 9606
S_{6c}	阴极区域	−1. 8246	2. 1754	0. 058~190	0. 9299
S_{7c}	阴极区域	−1. 8235	2. 1765	0. 059~196	0. 9759
S_{8c}	阴极区域	−1. 6888	2. 3112	0. 056~216	0. 9544
S_{9c}	阴极区域	−1. 6232	2. 3768	0. 048~195	0. 9172

2.5　电化学作用改变煤孔隙结构的机理分析

煤样经电化学作用后微小孔和中大孔结构发生变化的原因主要有两方面：

（1）电化学过程中产生的 H^+ 对煤中灰分的溶蚀。电化学作用过程中，阳极发生氧化反应产生 H^+，降低了阳极区域的 pH 值；阴极发生还原反应产生 OH^-，升高了阴极区域的 pH 值，具体反应式如下：

阳极：$$2H_2O - 2e^- \longrightarrow O_2 + 4H^+ \tag{2-6}$$

阴极：$$2H_2O + 2e^- \longrightarrow H_2 + 2OH^- \tag{2-7}$$

阳极区域无烟煤中的黄铁矿等矿物被电解反应产生的 H^+ 溶蚀并被氧化生成 Fe^{3+}，Fe^{3+} 在电场作用下向阴极移动，并与阴极区域的 OH^- 结合生成 $Fe(OH)_3$ 黄褐色沉淀物（图 2-24）。反应式如下：

$$FeS_2 + + 8H_2O \longrightarrow Fe^{3+} + 2SO_4^{2-} + 16H^+ + 15e^- \tag{2-8}$$

$$Fe^{3+} + 3OH^- \longrightarrow Fe(OH)_3 \tag{2-9}$$

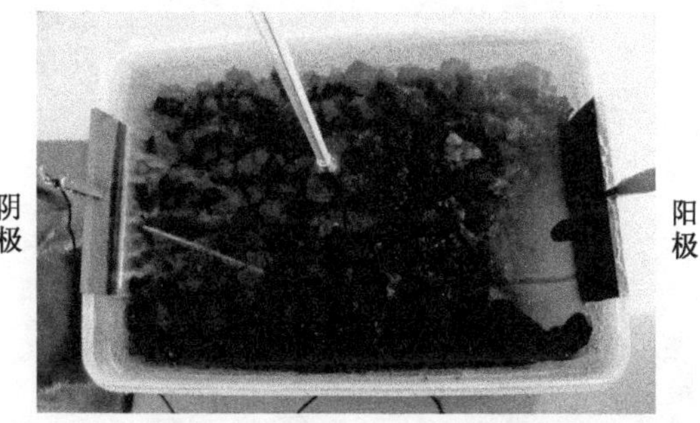

图 2-24　煤样电化学改性过程中生成的黄褐色沉淀

Lalvani 等也发现在酸性溶液中电解煤可以脱除黄铁矿等矿物质。煤中矿物质多堵塞在中大孔中，对其溶蚀增加了中大孔的数量，并且随着电位梯度的升高，改性过程中产生的 H^+ 增多，作用效果越明显，总孔容、平均孔径和孔隙率的增幅越大，孔隙间的连通性增强，中大孔结构的分形维数减小；随着电解液浓度的升高，过多的电解质会堵塞孔隙，改性煤样的孔隙率出现倒 U 形变化规律。

(2) 电解液发生电渗运移对煤微小孔的冲蚀扩孔作用。Bond 与 Herrera 研究发现煤中存在超细微孔隙结构，尤其是高煤阶烟煤与无烟煤，该结构由通过毛细管相互连接的空腔组成，管壁宽 1~3 nm。由图 2-2a 也可发现煤样中小于 3 nm 的孔隙占据的比例较高。当对煤样进行电化学作用时，电解液会在电渗作用驱动下在煤样毛细管中运移，而且孔径越小，电渗现象越明显，进而对煤中的细微毛细管孔产生冲蚀，扩大了毛细管的孔径。

3 电化学改变煤样裂隙结构的测试与机理分析

煤是一种由孔隙和裂隙组成的双重介质，其中裂隙是瓦斯运移的主要通道，其发育程度直接决定瓦斯渗透性。高煤阶煤储层中的裂隙极易被矿物质填充而堵塞，大幅降低了煤体的渗透性，严重影响瓦斯抽采效率。本章采用扫描电镜能谱仪（SEM-EDS）和显微 CT 对改性前后煤样的表面裂隙和内部裂隙进行测试。在此基础上，对电化学作用改变煤裂隙及其尺度分布的效果与机理进行了分析。

3.1 改性对煤样表面裂隙充填物溶蚀与迁移的 SEM 测试与分析

3.1.1 煤样

测试煤样为第 2.2 节表 2-3 煤电化学改性试验方案中方案 5 电解液浓度为 0.05 mol/L、电位梯度为 4 V/cm 阳极区域和阴极区域的无烟煤样。改性前在阳极区域与阴极区域各取一块煤样，边长为 1 cm，对其进行打磨、抛光和表面镀金处理，进行 SEM 测试。改性时去除镀金层，将其分别放入阳极与阴极区域。改性后，再次对样品进行处理和进行 SEM 测试。

3.1.2 测试仪器

测试仪器为日本理学公司生产的 JSM-7001F 型扫描电子显微镜（SEM）并配备德国布鲁克公司生产的 QX200 型能谱仪（EDS）。该仪器最高分辨率 3 nm，放大倍数范围为 10 万~50 万倍，EDS 中最大输出原子计数率为 400000 cps。其测试原理是通过发射具有一定能量的入射电子束直接轰击样品表面，从样品中激发出二次电子、背散射电子、特征X射线等电子信息，这些信息被检测系统收集和处理为图像。

3.1.3 测试过程

将煤样固定在样品台上并置入样品室；由低倍向高倍逐渐放大观测和聚焦拍照，依次为50，100，200，500，1000和2000倍；对矿物区域做能谱测试。

3.1.4 测试结果及其分析

1. 自然煤样表面裂隙及其充填特征

从图3-1a中可以看到自然煤样中有3条裂隙。这3条裂隙

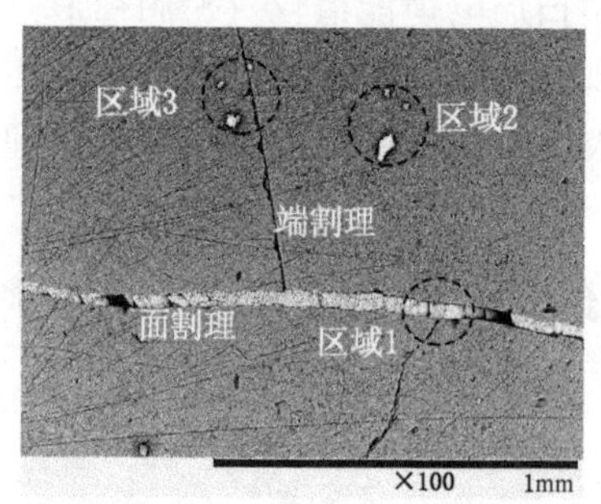

(a)自然煤样裂隙与孔隙矿物充填的SEM

(b)裂隙矿物充填的放大图，×2000

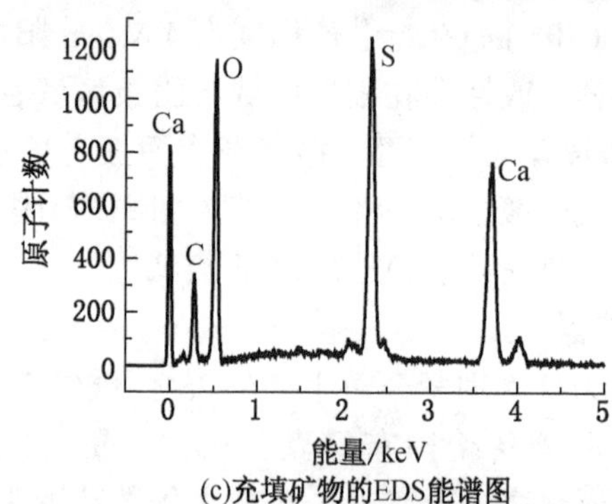

(c)充填矿物的EDS能谱图

图3-1 自然煤样的表面裂隙及其充填特征

呈近似垂直形态，并且水平方向的裂隙连续性较好，裂缝宽度为38~67 μm，与其垂直的裂隙较短，裂缝宽度为6~13 μm。根据裂隙的组合形态判别可知，这是两组内生裂隙，也称割理，延伸较远的称为面割理，与面割理近似垂直且断续分布的称为端割理。观察发现，该煤样面割理中充填有矿物质（图3-1a中区域1），煤基质中也镶嵌有矿物（图3-1a中区域2和区域3）。图3-1b为图3-1a中区域1的局部放大，可见该矿物呈脉状和薄膜状。图3-1c所示为其EDS能谱图，可见，该矿物中的元素主要为Ca、O、S和C，说明矿物为方解石（$CaCO_3$）。

2. 改性对阳极煤样表面裂隙充填物的溶蚀作用

图3-2所示为改性对阳极煤样表面裂隙充填物溶蚀作用的SEM图。与自然煤样相比较，裂隙与孔隙中的充填矿物消失，裂隙之间相互贯通。

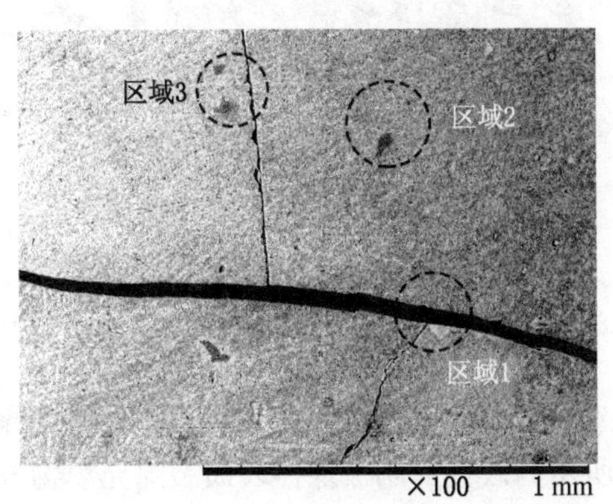

图3-2 改性对阳极煤样表面裂隙充填物溶蚀作用的SEM图，×100

3. 改性对阳极煤样显微结构的龟裂作用

从图3-3a中可以看到自然煤样中的基质镜质体。这些基质镜质体呈条带状，表面因胶结了其他成分而显得粗糙不平。从图3-3b中可以看到改性煤样表面的基质镜质体形成的龟裂网格，

图 3-3c 所示为图 3-3b 中区域 1 的局部放大，观察可知该网格多呈四边形，裂缝间距平均为 45 μm，缝宽平均为 6.7 μm。

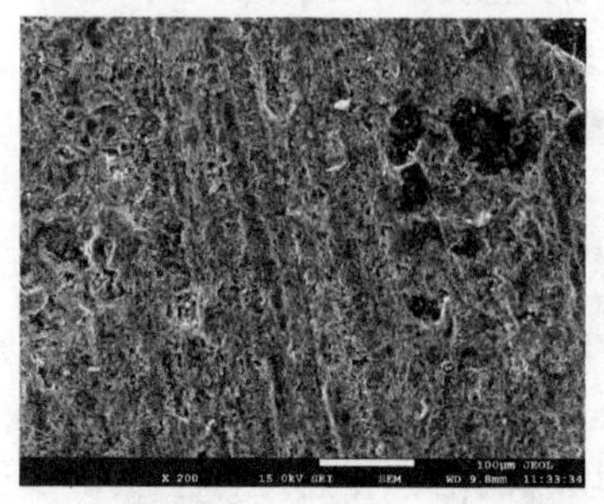
(a)自然煤样显微结构的SEM图,×200

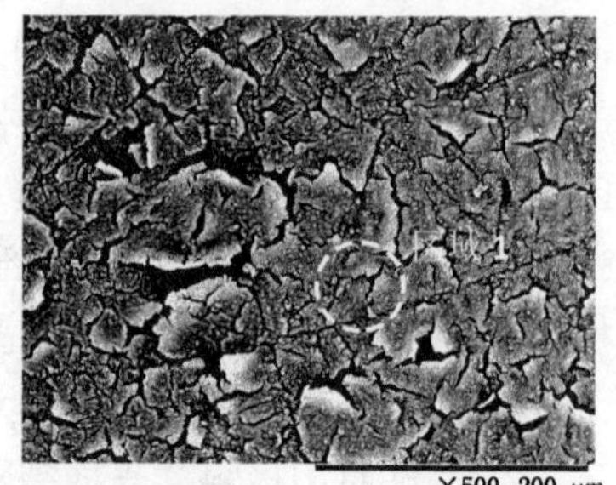

(b) 改性煤样显微结构龟裂的SEM图,×500

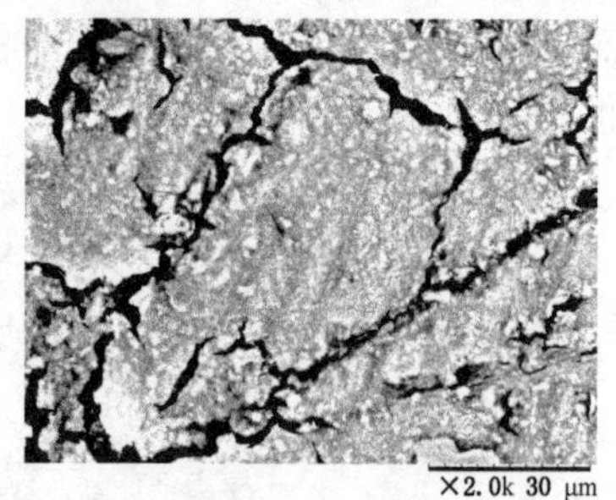

(c) 改性煤样区域1的局部放大,×2000

图 3-3 改性对阳极煤样显微结构龟裂作用的 SEM 图

4. 改性对阴极煤样表面裂隙充填物电动迁移与聚集的作用

图 3-4 所示为改性对阴极煤样表面裂隙充填物电动迁移与聚集作用。

从图 3-4a 中可以看到自然煤样中的 3 条平行裂隙，这些裂隙被矿物质部分填充（图 3-4a 中区域 4），而且在其周围煤基质中也镶嵌有许多分散的矿物质，如图 3-4a 中区域 3。图 3-4b 所示为镶嵌矿物的 SEM 图，观察发现该矿物呈团窝状堆积，其单体形态多呈片状或卷曲的薄片状。图 3-4c 所示为该矿物的 EDS

能谱图，可见，该矿物主要元素为 Si、Al、O、S 和 Ca。结合其形态判别可知，该矿物为黏土矿物中的伊利石。图 3-4d 所示为煤样经电化学作用后这部分区域的 SEM 图。与自然煤样对比可知，改性煤样中的黏土矿物发生以下 3 种变化：①有的聚集固结（图 3-4d 中的区域 1）；②有的完全消失，留下铸模孔（区域 2）；③有的仅移走部分，在图中表现为颜色变深（区域 3）。另外，改性煤样中还出现几道黑色曲线，均与孔隙、裂隙相交（图 3-4d 中区域 4）。以上这些现象说明施加电场时黏土矿物等带电颗粒会发生运移，从而增加煤样中的孔隙数量。

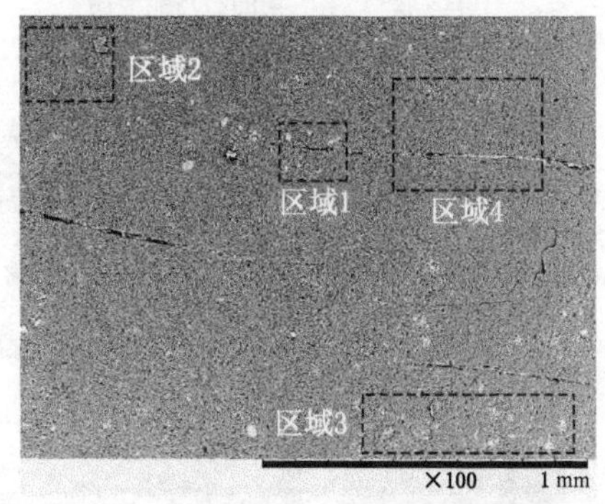

(a) 原煤样中裂隙与孔隙矿物充填的SEM图，×100

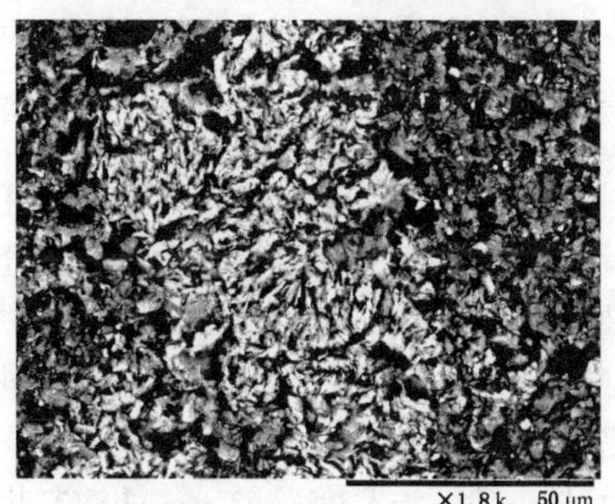

(b) 区域3充填矿物的SEM图，×1800

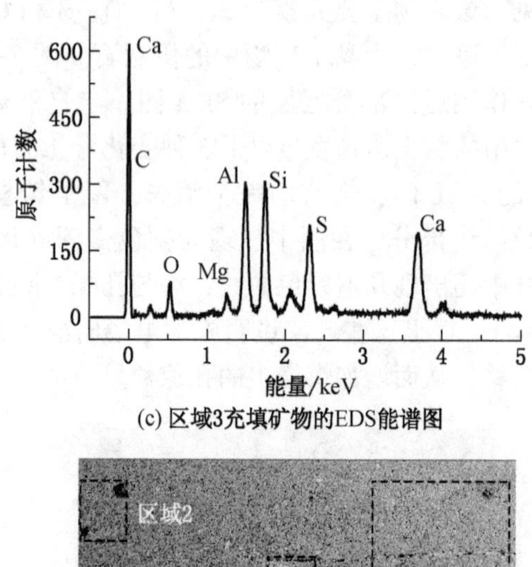

(c) 区域3充填矿物的EDS能谱图

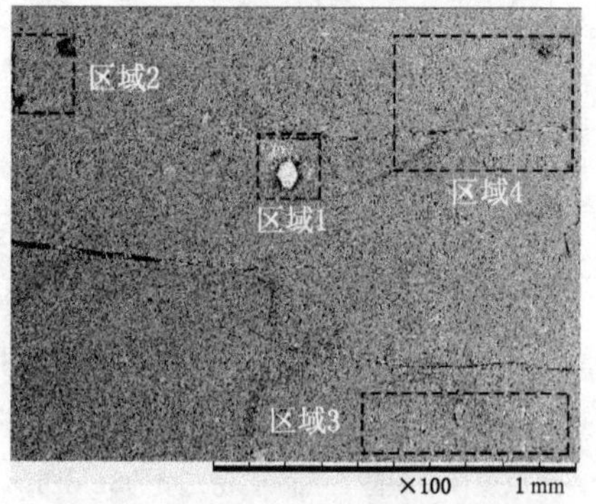

(d) 改性煤样孔裂隙中矿物的迁移与聚集,×100

图 3-4 改性对阴极煤样表面裂隙充填物电动迁移与聚集作用

5. 改性对阴极煤样显微组分迁移与溶蚀的作用

图 3-5 所示为电化学改性对阴极煤样显微组分迁移与溶蚀的SEM 图。对比图 3-5a、图 3-5b 可知，改性煤样中出现两道近似垂直的平直裂隙。其中，颜色较深的裂隙与施加电场方向平行，并贯穿煤样。图 3-5c 为图 3-5b 中区域 1 的放大，可见该裂隙并不完全笔直，而是一条平均宽度为 63 μm 的镂空状裂缝；颜色较浅的纵向裂隙与原煤样下侧的充填裂隙搭接，并且充填裂隙中的

矿物含量减少，说明阴极区域改性煤样的孔裂隙数量明显增多并且连通性增强。

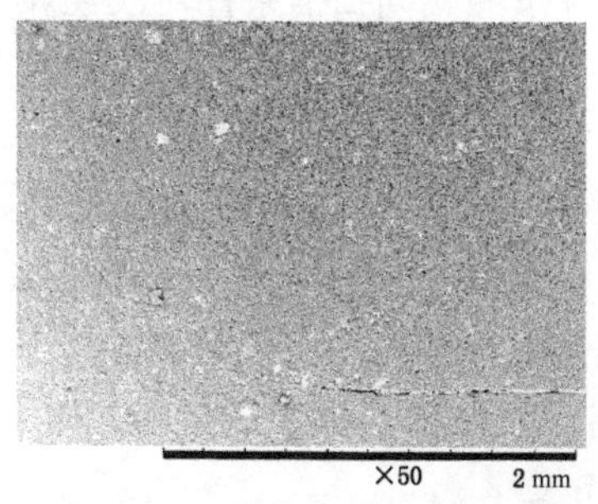

(a) 自然煤样显微结构的SEM图,×50

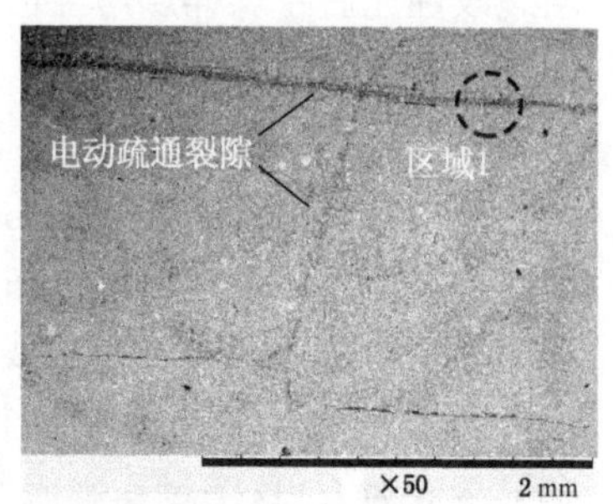

(b) 改性煤样显微结构的SEM图,×50

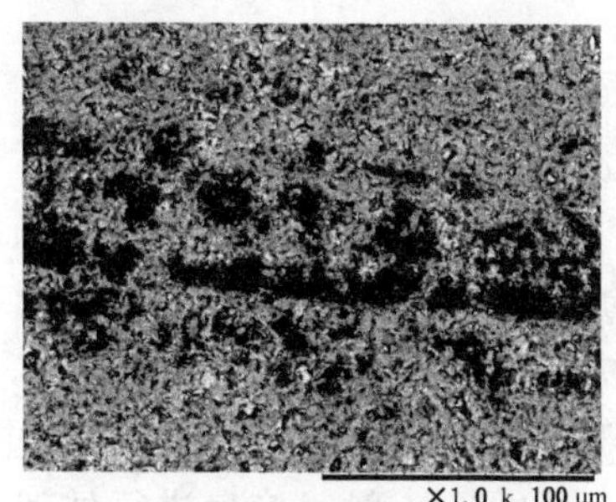

(c) 改性煤样区域1的放大图,×1000

图 3-5 电化学改性对阴极煤样显微组分迁移与溶蚀的 SEM 图

3.2 改性对煤样内部裂隙充填物溶蚀与迁移的显微 CT 测试与分析

3.2.1 煤样

采用钻孔机、截割机和打磨机加工 2 个直径为 24.83 mm、长 25 mm 的圆柱状试件，置于 105～110 ℃真空干燥箱烘干。对煤样进行显微 CT 扫描，然后将其分别置于电解槽内的阳极区域和阴极区域，采用第 2. 2 节表 2-3 煤电化学改性试验方案中方案 5 电解液浓度为 0. 05 mol/L、电位梯度为 4 V/cm 进行电化学改性。改性完后将煤样烘烤至恒重，并按照相同扫描条件对改性煤样进行显微 CT 测试。

3. 2. 2 测试原理

显微 CT（Computed Tomography）是一项先进的无损检测技术，可以定量、动态和无损伤地分析煤岩的内部结构。测试的基本原理是：透射物体的 X 射线的强度与该物体的密度有关，当光子量为 I_0 的 X 射线光通过一个具有线性衰减系数 μ 的体积元时，光子量变为 I，这个过程遵循 Beer 定律：

$$\frac{I}{I_0} = e^{-\mu h} \tag{3-1}$$

式中 I_0——原始 X 射线强度；

I——透过物体的 X 射线强度；

μ——X 射线的衰减系数（特定的物质的衰减系数是已知的）；

h——物体厚度。

通过一系列的 X 射线检测器可以检测透过物体周围不同角度的 X 射线强度，对这些 X 射线信息进行处理即可得到不同像素组成的 CT 图片。在得到的 CT 灰度图片上，颜色由黑到白变化，表示了煤样密度的不同，物质密度越大在图像上的亮度就越高，表现为白色，代表煤中的矿物；反之表现为黑色代表孔裂隙；介于二者之间的代表煤基质，进而获取煤体中的物质组成和孔裂隙的基本信息。

3. 2. 3 测试仪器

测试仪器为太原理工大学与中国工程物理研究院应用电子研究所共同研制的 μCT225kVFCB 型高精度显微 CT 测试系统（图 3-6）。该系统可以实现对各种金属和非金属材料的二维和三维 CT 扫描分析，试件尺寸为 ϕ1 ~ 50 mm，放大倍数为 1 ~ 400

倍，扫描单元分辨率为 0.5～0.194 mm。对于放大 400 倍的试件，扫描单元的尺寸为 0.5 μm，可以分辨 1～2 μm 的孔隙和 1 μm 的裂隙。

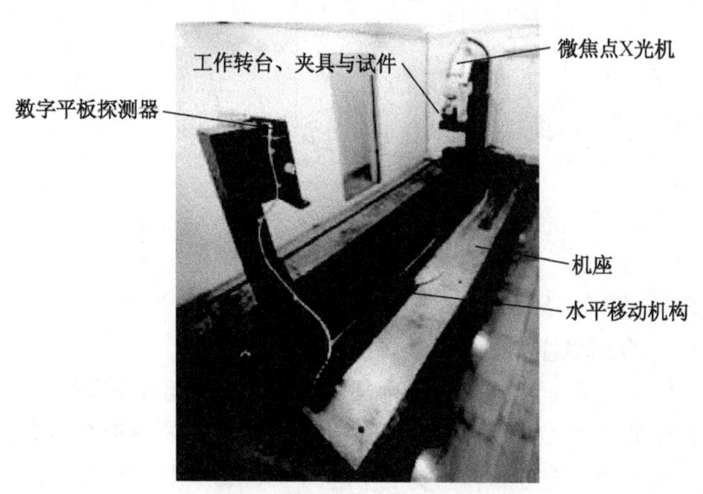

图 3-6　μCT225kVFCB 型高精度显微 CT 测试系统

3.2.4　测试过程

用夹具将煤样夹持在工作转台上；设定扫描参数，电压为 90 kV，电流为 100 μA，放大比为 14.39；打开微焦点 X 光机开始扫描，得到 400 张冠状图；对冠状图滤波、重建，生成 1500 张横截面图像，尺寸为 2041×2041 像素。

为了能够较充分地反映煤电化学改性前后裂隙结构的变化特征，沿煤样靠近电极的一端垂直于层理方向将试件三等分，划分为上剖面（500 层）、中剖面（1000 层）和下剖面（1500 层），如图 3-7 所示。在相邻两个剖面之间选取一张典型横截面图像进行显微 CT 分析，即每个样品分别选取三张改性前后的图像进行对比分析。

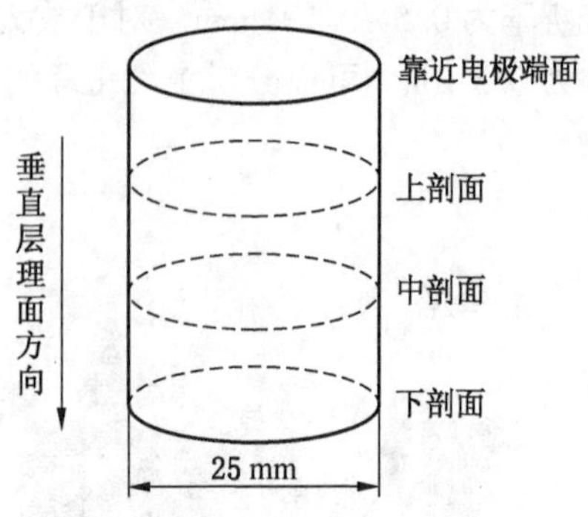

图 3-7 煤样沿垂直层理方向三等分示意图

3.2.5 测试结果及其分析

1. 自然煤样裂隙充填特征

图 3-8 所示为自然煤样内部上剖面、中剖面和下剖面裂隙充填特征的显微 CT 图。观察可知，自然煤样中的填充矿物较多，主要呈 3 种形态分布：①宽度平均约 150 μm、长度约 2.5 mm 的细短线条状，沿近似平行或垂直于充填裂隙的方向镶嵌于煤基质中，如图 3-8a 所示；②宽 300～700 μm、彼此正交的长线条状，将煤划分为不同尺寸的网格，如图 3-8b、图 3-8c 所示，这些长线条可能是被矿物质填充的内生裂隙；③呈团聚状零散地镶嵌于煤基质（图 3-8b 下端），团聚块近似圆形，大小不一，约 100 μm～3 mm。

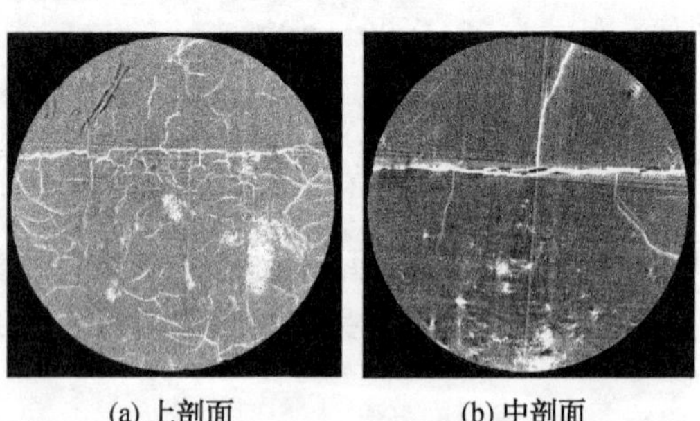

(a) 上剖面　　(b) 中剖面

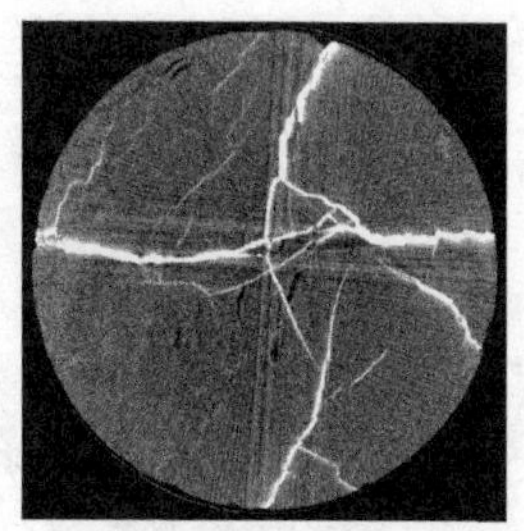

(c) 下剖面

图 3-8 自然煤样裂隙充填特征的显微 CT 图像

2. 改性对阳极煤样内部裂隙充填物的溶蚀作用

图 3-9 所示为改性对阳极煤样内部上剖面、中剖面和下剖面裂隙充填物溶蚀作用的显微 CT 图。与自然煤样相比较，阳极区域煤样内部结构发生 3 种变化：

（1）出现一些新的裂隙和空洞，有的裂隙和空洞起始于试件边缘，并向内延伸，尤其是有充填矿物的位置，如图 3-9a 中的区域 A1 和 A2、图 3-9b 中的区域 A1 和图 3-9c 中的区域 A1 与区域 A2；有的空洞产生于煤基质内部，如图 3-9b 中的区域 A2，改性后该区域颜色明显变浅，说明煤基质发生疏松。

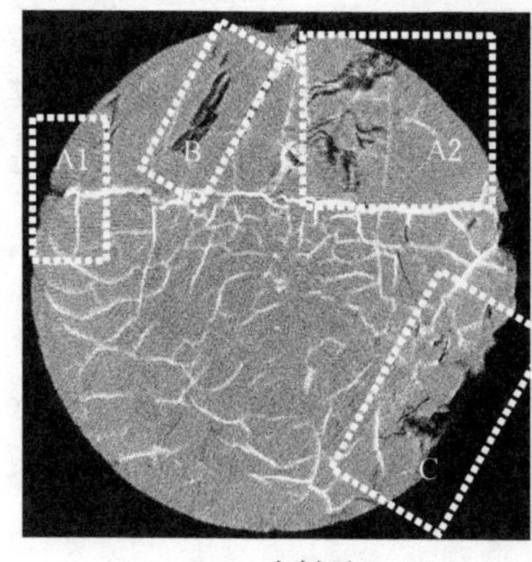

(a) 上剖面

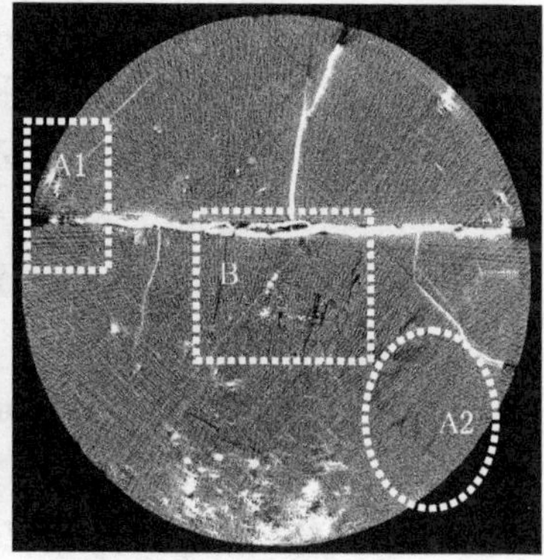

(b) 中剖面

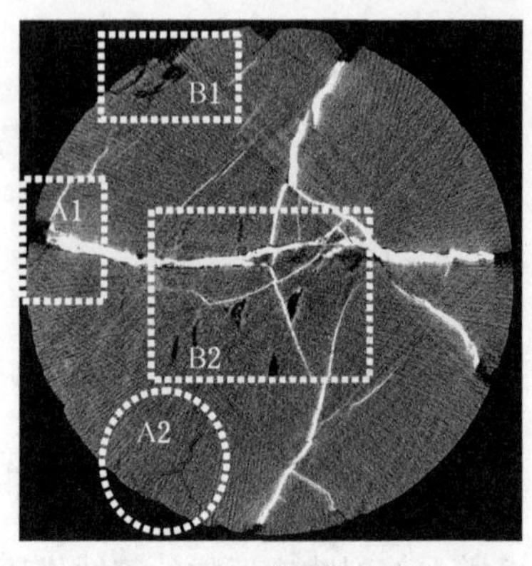

(c) 下剖面

图 3-9 改性对阳极煤样内部裂隙充填物溶蚀作用的显微 CT 图

(2) 已有的孔裂隙扩展，如图 3-9a 中的区域 B、图 3-9b 中的区域 B 和图 3-9c 中的区域 B1 与区域 B2。

(3) 试件边缘煤基质沿着充填矿物区域脱落，如图 3-9a 中的区域 C。

3. 改性对阴极煤样内部裂隙充填物的电动迁移作用

图 3-10 所示为改性对阴极煤样内部上剖面、中剖面和下剖面裂隙充填物电动迁移作用的显微 CT 图。与自然煤样相比较，阴极区域煤样主要发生 3 种变化：

(1) 上剖面的填充矿物几乎全部消失，出现的裂缝宽度平均约 300 μm，并将煤样切割为不同尺寸的煤基质，见图 3-10a 中区域 A1、区域 A2 和区域 A3。

(2) 边缘的矿物消失，如图 3-10b 中区域 A1 和区域 A2，以及图 3-10c 中的区域 A1。

(3) 在有填充矿物的位置开始萌生新的裂缝，如图 3-10c 中的区域 B1 和 B2，裂缝较细，宽约 80 μm，并扩展至与原有裂缝搭接为止。总之，阴极区域改性煤样靠近边缘的矿物质消失，增加了裂隙和连通团的数量。

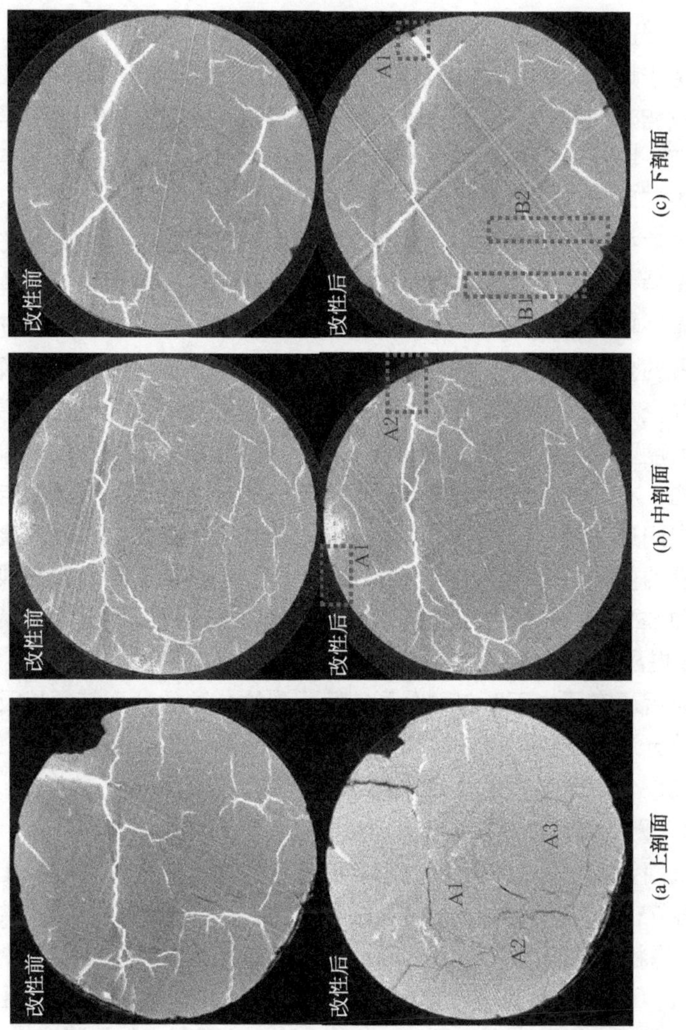

(a) 上剖面　(b) 中剖面　(c) 下剖面

图3-10　改性对阴极煤样内部裂隙充填物电动迁移作用的显微CT图

3.3 改性对宏观裂隙影响的分形表征与分析

3.3.1 分形原理

由于煤体内的裂隙分布存在尺度效应，即有些煤体内大的贯通裂隙相对发育，有些煤体内小的断续裂隙相对发育。因此要合理地评价电化学改性对煤体裂隙结构的影响，必须研究改性前后煤体内不同尺度裂隙数目的分布规律。

煤体中的裂隙分布十分复杂，裂隙的数量和贯通性极大地影响甚至控制着煤的渗流特性，因此，测量和预测裂隙的密度和连通性是一项非常重要的工作。由当代数学家 B. B. Mandelbrot 创立并发展的分形几何学（Fractal Geometry）为定量描述和探索不规则事物变化的复杂性提供了有力的工具。分形几何学的核心思想就是尺度不变性（Scale invarince），即一些具有分形特征的现象和事物，在无标度区间内具有随尺度不变的自相似性，在尺度与数量之间遵循幂函数关系。Mandelbrot 给出了大量的自然界尺度不变性的例子。目前在岩石力学领域中已有许多分形研究的成果，如 Sakellariou 研究了岩石表面粗糙度的分形特征；P. R. LA Pointe 提出了用分维定量表征岩石断裂密度及均匀性的方法；谢和平先后研究了岩石断口的分形特征、裂纹分叉的分形特征以及岩爆的分形特征等。康天合提出了煤岩体裂隙尺度分布的分形测量方法、分形分布特征及其工程意义。

3.3.2 测试煤样

采用钻芯机、截割机和打磨机沿垂直层理面将大块煤样加工为直径 75 mm、高 150 mm 的圆柱状试件，保证两端面平整，共 9 个。用粒度 NO. 220 和 NO. 800 的水砂纸磨光煤样两端面及中间侧面，通过仔细观察、辨识，描摹出自然煤样两个端面直径 75 mm 范围内以及中间侧面 150 mm×240 mm 范围内的裂隙迹线。然后将煤样分别置入 9 个电解槽中，保证两个端面分别与阳极电极板和阴极电极板的接触，按照第 2.2 节表 2-3 中的改性方案对煤样进行电化学改性。作用时间 120 h 后，取出煤样并清洗表面电解质，将其置入 105～110 ℃真空干燥箱内烘干。最后采用相同方法对改性煤样进行描摹。

3.3.3 测试方法与过程

目前裂隙尺度分布的分形测量方法主要有两种：裂隙尺度-条数分布的分形量测方法和网格尺度-裂隙视条数的分形量测方法。鉴于后者获取数据较为方便，在本次研究中运用该方法，测定电化学改性前后煤样裂隙尺度分布的分形规律。

在磨光的煤样表面选取边长为 L_0 的一个正方形方格，称 L_0 为初始分形尺度。统计切穿 L_0 方格的裂隙条数（若不考虑裂隙迹线在方格内的弯曲，则裂隙长度 l_0 为 $L_0 \leqslant l_0 \leqslant \sqrt{2} L_0$），记为 $n(L_0)$；再将边长为 L_0 的方格划分成边长为 $L_1 = L_0/\beta$（β 为分形比，本次研究取 $\beta=2$）的正方形网格，方格数为 β^2 个。统计切穿每个方格的裂隙条数，并累加作为 L_1 尺度下的裂隙视条数 $n(L_1)$；依此可得 $n(L_2)$，$n(L_3)$，…，$n(L_i)$ 作为相应网格尺度 L_i 下的视条数，如图 3-11a 所示。以 $\ln(L)$ 为横轴，$\ln n(L)$ 为纵轴作（图 3-11b），图中直线斜率即为裂隙迹线切穿网格尺度-裂隙视条数的分形维数 d。在 $n(L)$ 与 L 之间同样满足以下关系，即

$$n(L) = a_0 L^{-d} \tag{3-2}$$

式中 a_0——比例系数。

根据煤样在不同尺度 L_i 下的裂隙视条数统计值 $n(L_i)$，通过作图可以得出分形维数 d 值，由式（3-1）可以拟合出比例系数 a_0 值。根据分形几何学在无标度区内具有随尺度不变性的基本原理，由特定尺度下的统计结果可以外推至任意工程区域 $L_E \times L_E$ 煤体表面，即不同尺度裂隙迹线视条数的近似关系式为：

$$n(L) = m_0 a_0 L^{-d} \tag{3-3}$$

式中，$m_0 = (L_E/L_0)^2$，即所研究工程区域 $L_E \times L_E$ 相当于观测样品

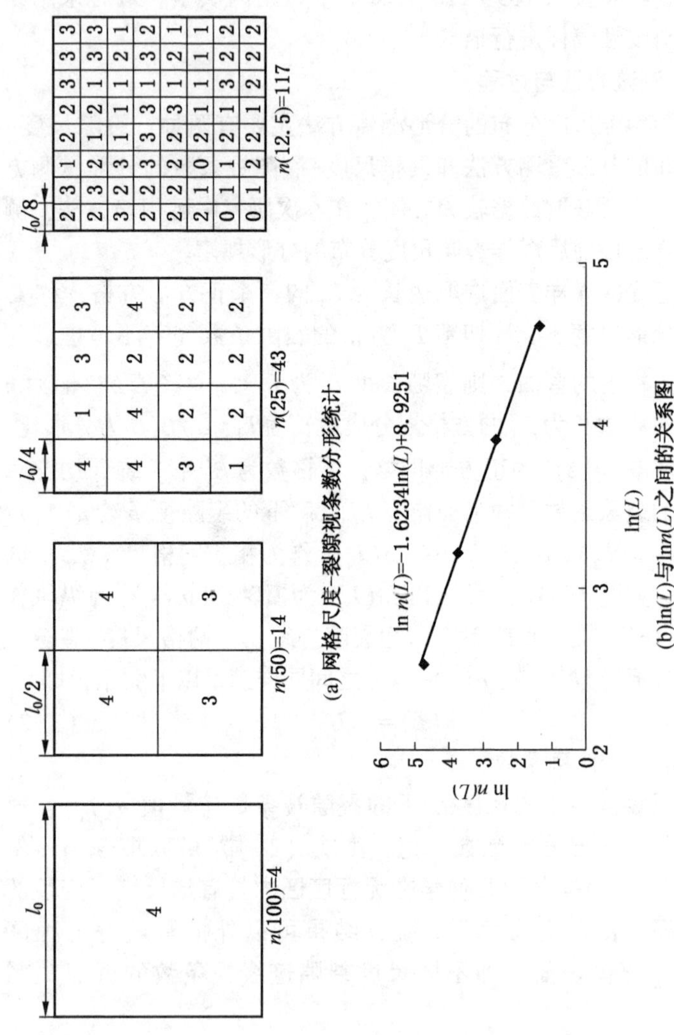

(a) 网格尺度-裂隙视条数分形统计

(b)ln(L)与lnn(L)之间的关系图

图3-11　网格尺度-裂隙视条数分形统计及lnL-lnn（L）图

初始分形区域 $L_0 \times L_0$ 的倍数。根据煤层渗流特性，取 $L_E=1\ m$ 为特征尺度，相应范围煤体表面上长度 $L \geqslant 1$ m 的裂隙条数 $N_{1\,\mathrm{m}}$ 作为一个衡量煤层渗透性的指标。

按照图 3-11 所示方法，统计不同网格尺度 L_i 下的裂隙视条数 $n(L_i)$，煤样阳极侧的端面和阴极侧的端面统计直径 75 mm 圆的内接正方形区域，即 50 mm×50 mm。由于煤体中垂直于层理面的裂隙大多呈断续形态，连续的长裂隙很少，因此，中间侧面选择 3 个 50 mm×50 mm 区域进行统计并取平均。以 $\ln(L_i)$ 为横轴，$\ln n(L_i)$ 为纵轴作图，图中直线斜率即为各煤样裂隙尺度分布的分形维数 d。然后，按式（3-1）拟合出 a_0，按式（3-2）计算 m_0。

3.3.4 测试结果及其分析

测试结果显示，9 个改性方案所得的煤样的裂隙结构变化一致，因此本书仅列出方案 3 和方案 6 两组煤样的测试图片并做详细分析。

1. 阳极端面裂隙分布的影响的分形表征

1）自然煤样端面裂隙分布的分形表征

图 3-12 所示为方案 3 和方案 6 自然煤样端面裂隙分布的照片和描摹裂隙扫描图片。可见，方案 3 煤样端面裂隙大致呈方格状网络排列，且大多数裂隙被矿物充填。方案 6 煤样的端面裂隙排列较杂乱，部分裂隙被矿物充填。方案 1～方案 9 自然煤样端面不同尺度裂隙视条数的统计结果及分形维数计算结果见表

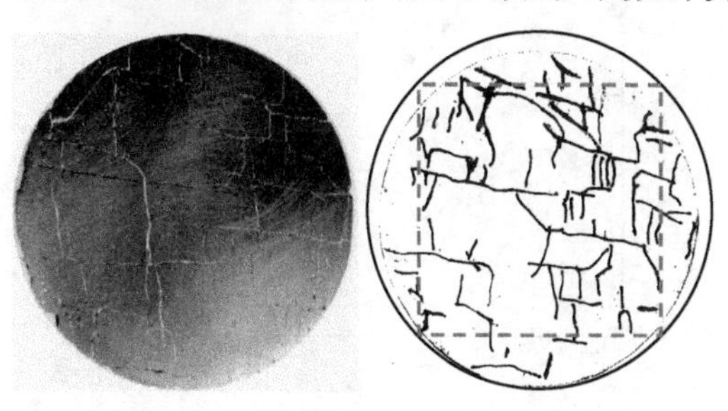

(a) 方案3

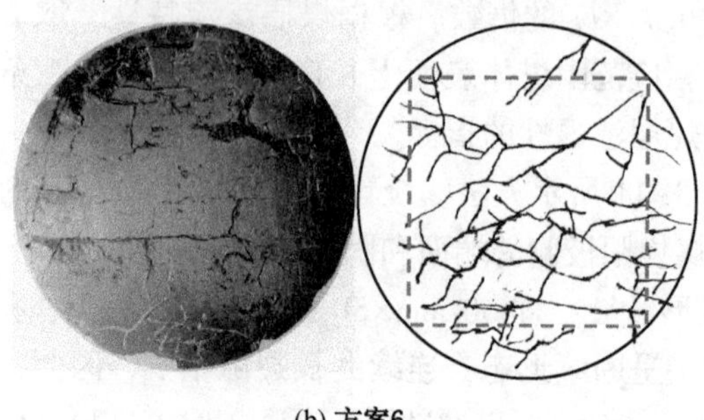

(b) 方案6

图 3-12 方案 3 和方案 6 自然煤样端面裂隙分布的照片和描摹裂隙扫描图片

3-1。可见，自然煤样端面切穿 50 mm 网格、25 mm 网格、12.5 mm 网格、6.25 mm 网格和 3.13 mm 网格的裂隙条数分别为 0~2、3~6、11~17、43~57 和 89~124，平均条数分别为 1.4、3.9、13.3、46.9 和 109.9。图 3-13 所示为方案 3 和方案 6 自然煤样端面裂隙视条数与网格尺度的双对数曲线，计算结果见表 3-1。可见，自然煤样裂隙的分形维数为 1.483~1.766，平均 1.618，长度≥1 m 的贯通裂隙条数为 2.01~9.31，平均 5.08。

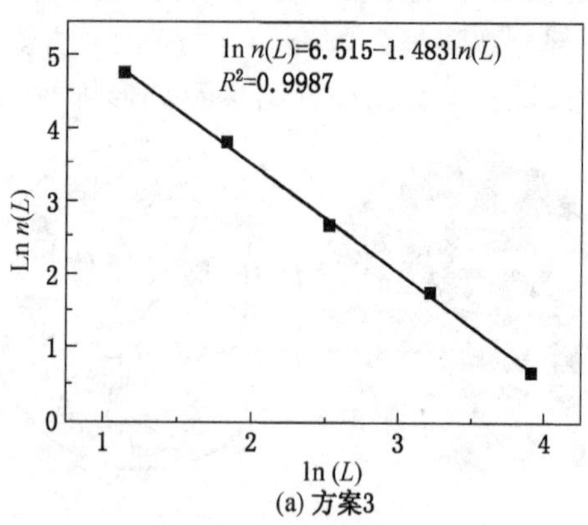

(a) 方案3

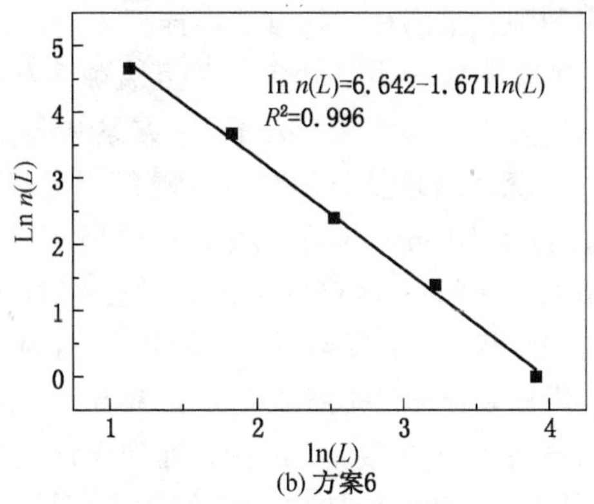

(b) 方案6

图 3-13 方案 3 和方案 6 自然煤样端面裂隙视条数与网格尺度的双对数曲线

表 3-1 自然煤样端面不同尺度裂隙视条数统计结果及分形维数计算结果

方案	n_0	n_1	n_2	n_3	n_4	d	a_0	$N_{1\,m}$
1	2	3	13	48	89	1.602	862.1	4.78
2	1	3	12	43	104	1.724	948.6	2.26
3	2	6	15	47	122	1.483	737.5	9.31
4	1	3	11	48	104	1.740	992.9	2.12
5	2	4	13	50	98	1.487	592.8	8.2
6	1	4	11	39	105	1.672	846.3	2.91
7	2	5	17	57	124	1.542	807.5	7.64
8	0	3	14	43	120	1.766	1120.1	2.01
9	2	4	14	47	123	1.544	786.3	6.51
平均	1.4	3.9	13.3	46.9	109.9	1.618	854.9	5.08

2）改性煤样端面裂隙分布的分形表征

图 3-14 所示为方案 3 和方案 6 改性煤样阳极端面裂隙分布

的照片和描摹裂隙扫描图片。与自然煤样相比较，方案 3 和方案 6 改性煤样端面裂隙数量明显增多，并且裂隙多相互垂直搭接，裂缝中的矿物质几乎全部消失。方案 1～方案 9 阳极改性煤样端面裂隙视条数的统计结果及分形维数计算结果见表 3-2。可见，改性煤样端面切穿 50 mm 网格、25 mm 网格、12.5 mm 网格、6.25 mm 网格和 3.13 mm 网格的裂隙条数分别为 2～6、6～16、17～47、57～115 和 157～284，平均条数分别为 4、9、28.9、88.2 和 219。煤样裂隙的分形维数变为 1.362～1.641 之间，平均 1.496，1 m×1 m 表面上长度≥1 m 的贯通裂隙条数分布于 5.89～40.03 之间，平均 19.68。说明电化学作用可以降低阳极区域煤样裂隙的非均质性，大幅增加贯通裂隙数量。

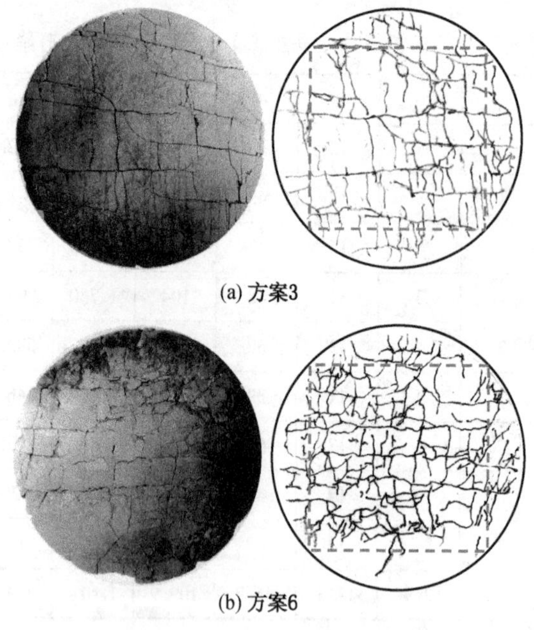

(a) 方案3

(b) 方案6

图 3-14　方案 3 和方案 6 改性煤样阳极端面裂隙分布的照片和描摹裂隙扫描图片

表 3-2 改性煤样阳极改性煤样端面裂隙视条数统计结果及分形维数计算结果

方案	n_0	n_1	n_2	n_3	n_4	d	a_0	$N_{1\,m}$
1	3	5	17	57	157	1.493	886.8	10.45
2	4	7	27	97	260	1.461	1648.5	24.35
3	5	14	36	108	284	1.461	1648.5	24.35
4	2	6	28	73	168	1.639	1455.5	6.26
5	6	13	37	95	249	1.362	1247.0	36.35
6	2	6	20	74	166	1.638	1355.9	5.89
7	6	16	47	115	259	1.371	1461.3	40.03
8	3	7	27	101	233	1.641	1679.1	8.02
9	5	7	21	74	195	1.398	941.4	21.49
平均	4.0	9.0	28.9	88.2	219.0	1.496	1369.3	19.69

2. 阴极端面裂隙分布的影响的分形表征

1）自然煤样端面裂隙分布的分形表征

图 3-15 所示为方案 3 和方案 6 自然煤样阴极端面裂隙分布的照片和描摹裂隙扫描图片。可见，方案 3 和方案 6 自然煤样中主要发育若干条长裂隙。方案 1~方案 9 自然煤样阴极端面视裂隙条数统计结果及其分形维数计算结果见表 3-3。可见，自然煤样端面切穿 50 mm 网格、25 mm 网格、12.5 mm 网格、6.25 mm 网格和 3.13 mm 网格的裂隙条数分别为 0~2、4~9、12~31、33~66 和 75~190，平均条数分别为 1.3、6.6、22.3、55.3 和 140.1。自然煤样裂隙的分形维数为 1.47~1.809，平均 1.633，1 m×1 m 表面上长度≥1 m 的贯通裂隙条数分布于 2.03~11.47，平均 6.3。

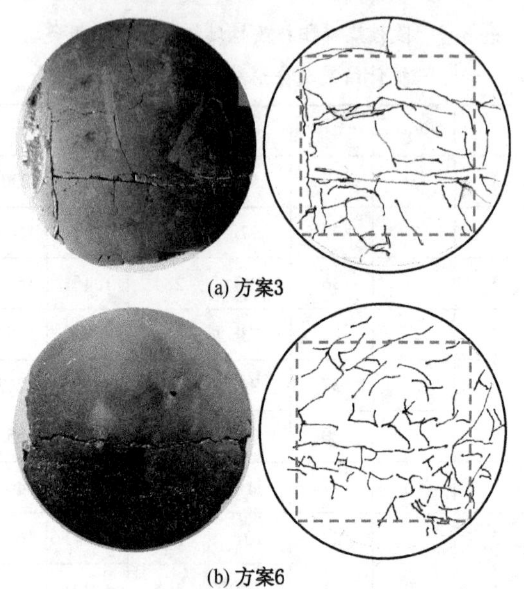

(a) 方案3

(b) 方案6

图 3-15 方案 3 和方案 6 自然煤样阴极端面裂隙分布的照片和描摹裂隙扫描图片

表 3-3 自然煤样阴极端面裂隙视条数统计结果及分维计算结果

方案	n_0	n_1	n_2	n_3	n_4	d	a_0	$N_{1\,m}$
1	0	6	30	63	163	1.809	1923.1	2.56
2	1	4	16	52	128	1.770	1296.7	2.26
3	2	6	12	45	120	1.472	677.0	9.23
4	1	7	28	63	156	1.774	1771.9	3.00
5	2	9	28	61	144	1.510	1057.6	11.09
6	2	8	31	66	190	1.619	1497.9	7.43
7	1	7	16	33	75	1.470	547.1	7.59
8	1	4	15	38	159	1.787	1313.0	2.03
9	2	8	25	59	126	1.484	912.4	11.47
平均	1.3	6.6	22.3	53.3	140.1	1.633	1221.9	6.30

2）改性煤样端面裂隙分布的分形表征

图 3-16 所示为方案 3 和方案 6 改性煤样阴极端面裂隙分布

的照片和描摹裂隙扫描图片。与自然煤样相比较，方案 3 和方案 6 改性煤样端面裂隙数量增多。方案 1~方案 9 改性煤样阴极端面裂隙视条数统计结果及分形维数计算结果见表 3-4。可见，改性煤样端面切穿 50 mm 网格、25 mm 网格、12. 5 mm 网格、6. 25 mm 网格和 3. 13 mm 网格的裂隙条数分别为 2~7、6~15、17~47、22~49、66~123 和 168~293，平均条数分别为 3. 4、10. 8、34. 7、91. 8 和 214. 7。煤样裂隙的分形维数变为 1. 309~1. 721，平均 1. 528，1 m×1 m 表面上长度≥1 m 的贯通裂隙条数分布于 5. 15~52. 6，平均 18. 57。说明电化学作用可以降低阴极区域煤样裂隙的非均质性，大幅增加贯通裂隙数量。

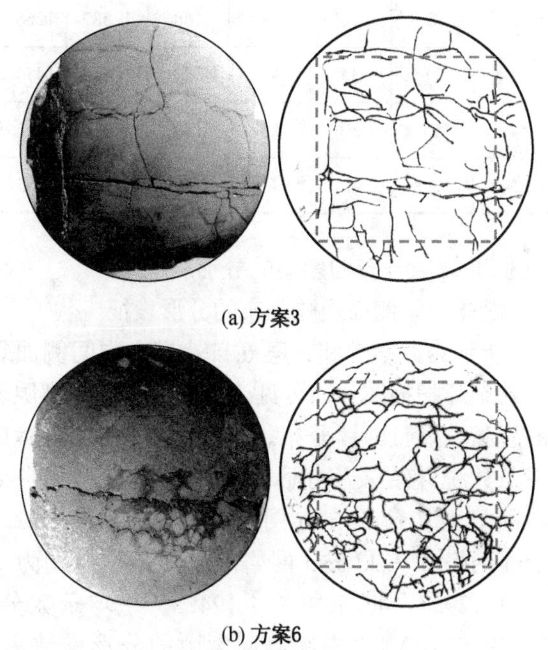

(a) 方案3

(b) 方案6

图 3-16　方案 3 和方案 6 改性煤样阴极端面裂隙分布的照片和描摹裂隙扫描图片

表 3-4 改性煤样阴极端面裂隙视条数统计结果及分形维数计算结果

方案	n_0	n_1	n_2	n_3	n_4	d	a_0	$N_{1\,m}$
1	2	10	30	66	170	1.554	1288.8	9.97
2	2	6	25	74	197	1.687	1666.2	5.15
3	7	15	49	110	241	1.309	1247.0	52.60
4	5	12	47	123	293	1.510	1980.7	20.73
5	3	11	31	97	228	1.564	1683.3	12.19
6	2	10	34	104	241	1.721	2385.3	5.85
7	2	8	22	68	168	1.587	1266.5	7.79
8	4	11	35	99	222	1.476	1454.2	19.31
9	4	14	39	85	172	1.346	1026.1	33.54
平均	3.4	10.8	34.7	91.8	214.7	1.528	1555.3	18.57

3. 中间侧面裂隙分布的影响的分形表征

1) 自然煤样中间侧面裂隙分布的分形表征

图 3-17 所示为方案 3 和方案 6 自然煤样中间侧面裂隙分布的照片和描摹裂隙扫描图片。可见，平行层理面的裂隙较长，垂直层理面的裂隙较短且断续分布。方案 1~方案 9 自然煤样中间侧面裂隙视条数统计结果及分形维数计算结果见表 3-5。可见，自然煤样中间侧面切穿 50 mm 网格、25 mm 网格、12.5 mm 网格、6.25 mm 网格和 3.13 mm 网格的裂隙条数分别为 1、1.9~4.7、6.7~19、29.7~47.3 和 71~124.3，平均条数分别为 1、2.9、13.2、39 和 102.1。中间侧面裂隙的分形维数为 1.567~1.834，平均 1.702，1 m×1 m 表面上长度≥1 m 的贯通裂隙条数分布于 1.31~4.52，平均 2.56。

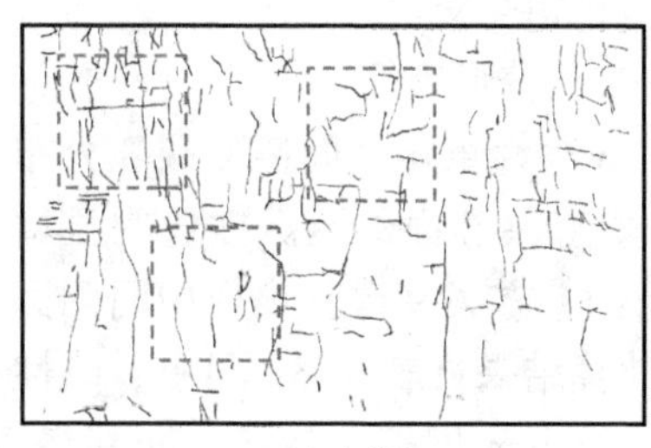

(a) 方案3

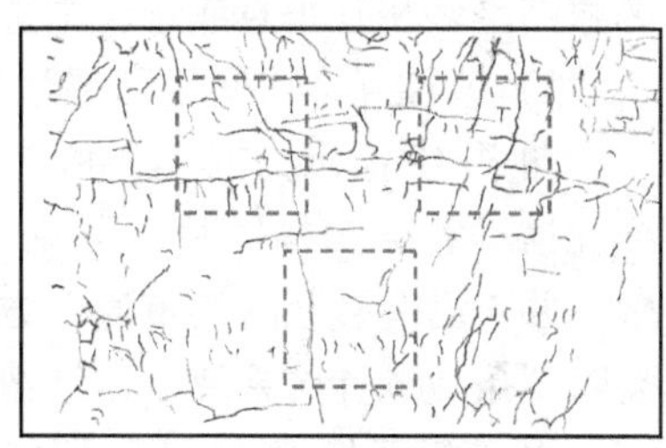

(b) 方案6

图 3-17 方案 3 和方案 6 自然煤样中间侧面裂隙分布的照片和描摹裂隙扫描图片

表 3-5 自然煤样中间那侧面裂隙视条数统计结果及分形维数计算结果

方案	n_0	n_1	n_2	n_3	n_4	d	a_0	$N_{1\,m}$
1	1.0	3.1	8.4	35.0	92.0	1.654	630.2	2.75
2	1.0	4.3	12.7	33.0	82.7	1.567	567.1	4.52
3	1.0	3.2	16.7	35.7	111.0	1.707	866.1	2.62
4	1.0	2.0	6.7	29.7	71.0	1.619	463.0	2.57
5	1.0	1.9	11.7	35.3	133.7	1.834	1037.9	1.31
6	1.0	2.3	14.7	43.7	114.3	1.792	1025.5	1.73
7	1.0	3.0	19.0	39.7	92.3	1.678	803.2	2.97
8	1.0	4.7	16.7	47.3	124.3	1.726	1059.8	2.82
9	1.0	1.8	12.0	34.0	97.3	1.745	766.6	1.79
平均	1.0	2.9	13.2	37.0	102.1	1.702	802.2	2.56

与自然煤样两个端面裂隙的数量与分形维数相比较，中间侧面裂隙的数量较少，分形维数较高。说明裂隙尺度分布的分维值和贯通裂隙数量具有方向性，即平行层理面的分维值小于垂直层理面的分维值，而且在平行层理面上的裂隙贯通性好于垂直层理面上的裂隙贯通性。其原因是，在煤平行层理面上发育有内生裂隙网络（面割理和端割理），而且对于高煤阶无烟煤而言，内生

裂隙网络多相互垂直或近于垂直，且相互交切。

2）改性煤样中间侧面裂隙分布的分形表征

图 3-18 所示为方案 3 和方案 6 改性煤样中间侧面裂隙分布照片描摹裂隙扫描图片。可见，垂直层理面的裂隙数量明显增多，并与已有裂隙搭接贯通。方案 1～方案 9 改性煤样中间侧面裂隙视条数统计结果及分形维数计算结果见表 3-6。可见，改性煤样中间侧面切穿 50 mm 网格、25 mm 网格、12.5 mm 网格、6.25 mm 网格和 3.13 mm 网格的裂隙条数分别为 1～3.7、3～9.3、9.7～28、29.3～72.7 和 81.7～186，平均条数分别为 2.2、6.1、18.9、52.6 和 131.3。中间侧面的分形维数为 1.302～1.844，平均 1.525，1 m×1 m 表面上长度≥1 m 的贯通裂隙条数分布于 2.16～26.52 之间，平均 11.42。说明电化学作用可以降低中间区域煤样裂隙的非均质性，增加贯通裂隙数量。

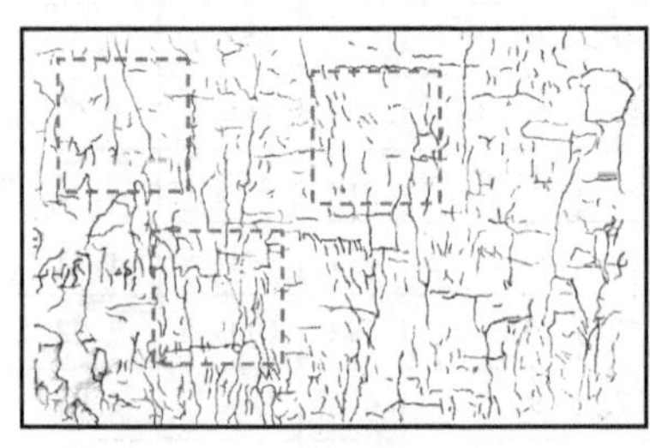

(a) 方案3

(b) 方案6

图 3-18　方案 3 和方案 6 改性煤样中间侧面裂隙分布照片和描摹裂隙扫描图片

表 3-6　改性煤样中间侧面裂隙视条数统计结果及分形维数计算结果

方案	n_0	n_1	n_2	n_3	n_4	d	a_0	$N_{1\,m}$
1	1.0	3.0	9.7	29.3	89.7	1.626	575.9	3.04
2	1.0	5.7	25.3	65.0	176.3	1.844	1846.8	2.16
3	2.3	7.0	21.0	48.3	122.0	1.420	659.6	14.46

表 3-6（续）

方案	n_0	n_1	n_2	n_3	n_4	d	a_0	$N_{1\,m}$
4	1.0	3.7	12.0	34.7	81.7	1.594	586.2	3.86
5	3.7	9.3	28.0	69.3	146.7	1.354	763.2	26.52
6	1.7	6.7	19.7	52.7	132.3	1.560	887.5	7.40
7	2.0	5.3	19.3	58.7	138.0	1.568	920.7	7.30
8	3.7	7.7	23.0	72.7	186.0	1.457	970.4	16.47
9	3.0	6.7	12.3	42.3	108.7	1.302	436.2	21.60
平均	2.2	6.1	18.9	52.6	131.3	1.525	849.6	11.42

3.4 改性影响煤样裂隙分布的机理分析

改性影响煤样裂隙分布的机理主要有以下三方面：

（1）电化学作用过程中产生的 H^+ 对裂隙充填物的溶蚀作用。电化学过程中，阳极区域发生氧化反应产生 H^+，使阳极区域的电解液显酸性。电解液在毛细作用力的驱动下沿着裂隙通道由煤边缘逐渐渗入内部，在运移过程中会对通道内填充的方解石产生溶蚀，进而疏通裂隙，提高连通性。反应方程式为

$$CaCO_3 + 2H^+ \longrightarrow Ca^{2+} + CO_2 + H_2O \tag{3-4}$$

（2）电化学氧化煤显微组分而引起的龟裂作用。煤的大分子结构是由许多不同的基本结构单元通过桥键连接在一起。桥键主要为次甲基键和醚键。由于这些桥键处于煤分子中的薄弱环节，易受化学作用和热作用而断裂。当进行电化学作用时，煤中的显微组分会受到两种强氧化剂的攻击，一种是阳极得到的电子；另一种是煤中因黄铁矿溶蚀而产生的 Fe^{3+}。在这种攻击下连接力较薄弱的桥键会断裂，煤的大分子结构受到破坏，宏观表现

为煤基质龟裂或解体的现象。

（3）裂隙充填物或煤显微组分的电动迁移作用。无烟煤的裂隙和显微组分中充填有黏土矿物和煤粒等颗粒。一般情况下，煤粒或黏土矿物颗粒等胶体在电解液中具有电动特性，施加电场时这些带电颗粒会发生运移脱离煤体，留下裂隙通道。

4 电化学改变煤表面特性及其机理分析

煤的表面特性主要包括表面润湿性、表面电动特性和表面基团等。其中，润湿性影响液体进入煤微细孔裂隙中的毛细作用力。在煤层注水驱替瓦斯过程中，水从大裂隙通道不断压裂贯通封闭状态的微小孔裂隙进入煤体，直至渗入细微孔隙，这一过程受到注水压力和毛细作用力两种动力以及由瓦斯压力引起的阻力，水能否驱替瓦斯取决于这 3 种力的合力。基于煤的表面电动特性，通过电化学作用引入一种新的动力源——电动力（电渗作用力和电泳作用力），该作用力可以驱动孔裂隙内的流体并携带瓦斯流动，尤其对细微孔裂隙的作用效果更为显著。本章采用接触角测量仪和电泳仪对煤样的润湿性和电动特性进行定量研究，通过红外光谱仪测试改性前后煤样的表面基团，探讨电化学作用对煤表面特性的改变及其机理。

4.1 改变煤表面润湿性的测试与分析

4.1.1 测试原理

液体对煤的润湿效果表现在接触润湿行为和毛细管效应两个方面。前者用接触角 θ 表征，后者用毛细作用力 P_m 衡量。根据固体表面润湿理论，液体在固体表面形成液滴，至达到平衡时液滴呈现一定的形状，如图 4-1 所示。其中的 A 点是平衡时气、液、固三相交界点，AN 是液-固界面，过 A 点作液滴表面切线 AM，则 AM 与 AN 之间的夹角 θ 称为接触角。从表面张力的角度来看，AN 是作用于 A 点的液固界面张力 σ_{ls}，AM 是作用于 A 点的气液界面张力 σ_{gl}，因此接触角 θ 实际上是 σ_{ls} 与 σ_{gl} 之间的夹角。接触角 θ 的大小与 3 种界面张力的相对大小有关，它们之间的关系符合 Young（杨氏）方程：

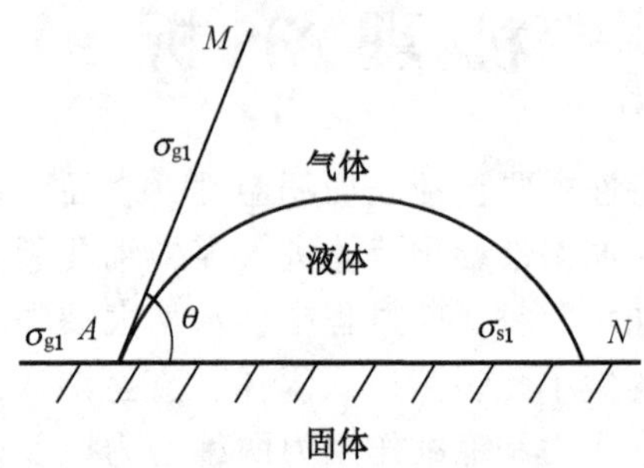

图 4-1 液体在固体表面上接触角示意图

$$\cos\theta = \frac{\sigma_{gs} - \sigma_{ls}}{\sigma_{gl}} \tag{4-1}$$

由式（4-1）可得：①如果 $\sigma_{gs}-\sigma_{ls}=\sigma_{gl}$，则 $\theta=0$，固体能被液体完全润湿；②如果 $\sigma_{gs}-\sigma_{ls}<\sigma_{gl}$，则 $0<\cos\theta<1$，$\theta<90°$，说明固体能被液体润湿；③如果 $\sigma_{gs}<\sigma_{ls}$，则 $\cos\theta<0$，$\theta>90°$，说明固体不能被液体润湿。由此可以看出，固体与液体的接触角可以直接反映该固体界面的润湿性。煤作为一种固体，与液体间的润湿性也满足 Young 方程。由 Young 方程可知，固液间的接触角是一种很好的表征固液间润湿性能大小的方法。因此，可以通过测定煤与水的接触角来表征煤的润湿性。

毛细作用力 P_m 的计算公式如下：

$$P_m = \frac{C\sigma\cos\theta}{d} \tag{4-2}$$

式中 σ——液体的表面张力系数，纯水表面张力为 72.66 mN/m；

θ——液体对煤的接触角；

d——毛细管直径；

C——仅与毛细管界面几何形状有关的无量纲常数，称为克泽尼常数，对于圆形 $C=0.5$，正方形 $C=0.562$，等边三角形 $C=0.597$。

由式（4-2）可知，P_m 除了与液体的表面张力系数 σ、孔隙截面形状系数 C 和孔隙直径 d 相关外，还与接触角 θ 紧密相关。因此，煤的润湿性不仅决定煤与液体间的接触润湿行为，还决定煤的毛细管效应。若 $\theta \geqslant 90°$，说明煤难以被该液体润湿，则$P_m=0$，在这种情况下，液体将不能进入煤的微小孔。

4.1.2 试样

测试煤样为自然煤样和第 2.2 节表 2-3 中 9 个改性方案经电化学作用后阳极区域、中间区域和阴极区域的改性煤样。对煤样进行粗磨、细磨、精磨和抛光处理，确保表面平整、清洁、基本无擦痕、无明显麻点，将其加工为 1 cm 见方的小立方块，然后置入真空干燥箱于 105~110 ℃烘烤至恒重。

4.1.3 测试仪器

采用 Powereach 公司生产的 JC2000D 型接触角测量仪测试煤样的煤水接触角。角度测量范围为 0°~180°，测量精度为 0.1°，图像放大率范围为 55~315 pixel/mm。

4.1.4 测试过程

将煤样置于接触角测量仪载物台；调节高度和前后距离至合适位置；用注射器向煤样表面滴落不足 4 mg 的水滴，并进行拍照；采用量角法测量液滴切线与相界面的夹角并计算煤样接触角。

4.1.5 测试结果及其分析

1. 自然煤样的润湿性

图 4-2 所示为自然煤样的煤水接触角测试照片。对自然煤样共测试 4 个，最大接触角为 89.1°，最小接触角为 82.2°，

平均为 85.52°。可见自然煤样的润湿性属于纯水较难润湿煤。

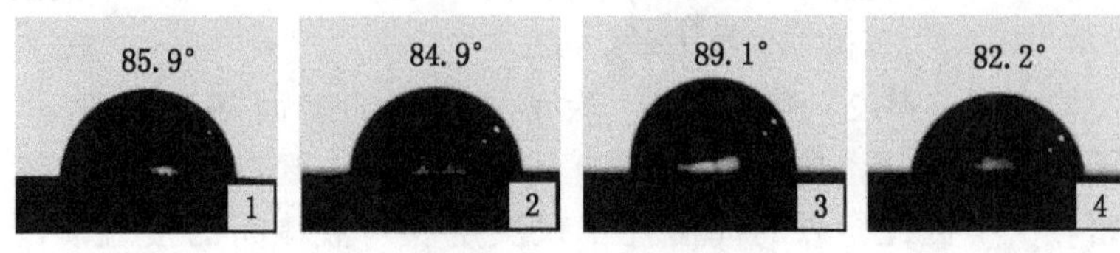

图 4-2 自然煤样的煤水接触角测试照片

2. 改性煤样的润湿性

图 4-3 所示为表 2-3 改性方案 1，即经 0.05 mol/L Na_2SO_4 溶液浸泡 120 h 后改性煤样的煤水接触角照片。对该煤样共测试 4 个，最大接触角为 83.2°，最小接触角为 81.1°，平均为 82.12°。可见，Na_2SO_4 溶液浸泡后的煤样润湿角由 85.52°降至 82.12°。

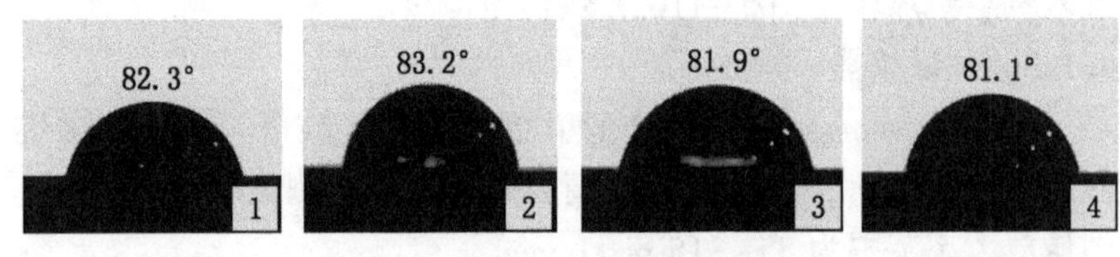

图 4-3 改性煤样 S_1 的煤水接触角测试照片

表 2-3 中改性方案 2~9 所列 8 个方案经改性后阳极区域、中间区域和阴极区域改性煤样的煤水接触角测试照片如图 4-4 所示，结果见表 4-1。可见，3 个改性区域煤样的煤-水接触角均降低，其中阳极区域改性煤样接触角分布于 62.5~81.5°之间，平均为 73.02°；中间区域改性煤样接触角分布于 64~81.5°之间，平均为 73.88°；阴极区域改性煤样接触角分布于 65.25~81.5°之间，平均为 74.4°。

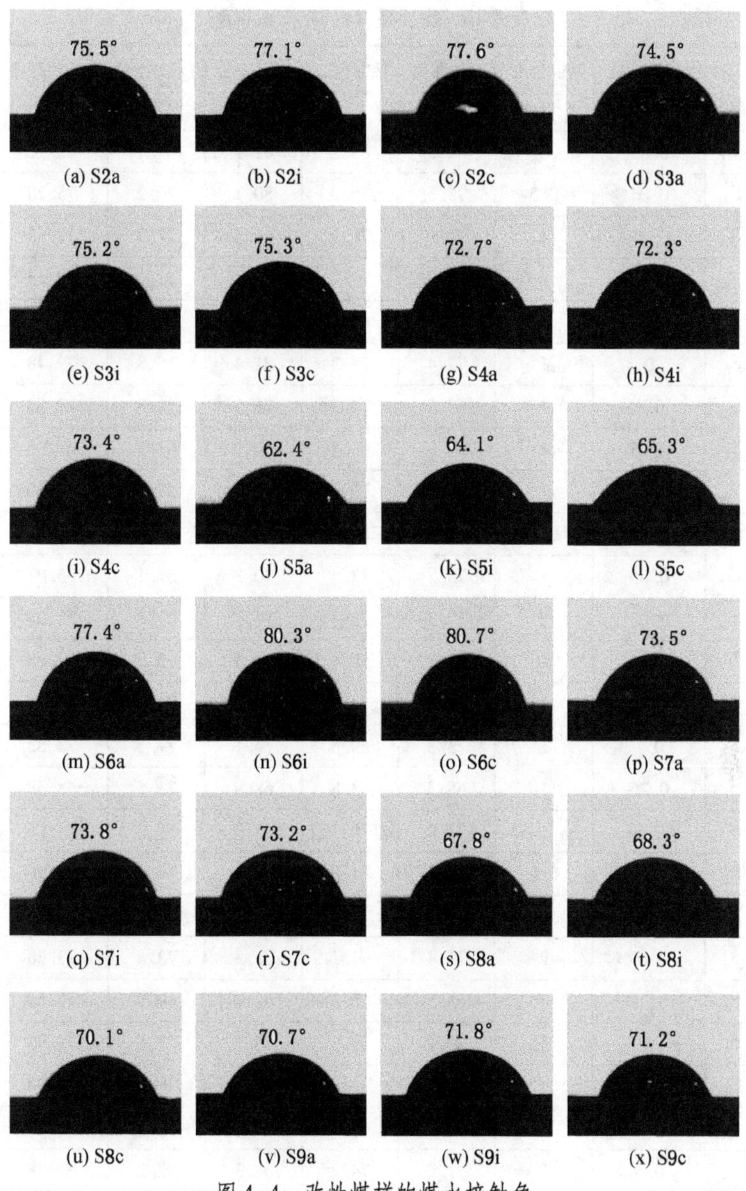

(a) S2a　(b) S2i　(c) S2c　(d) S3a
(e) S3i　(f) S3c　(g) S4a　(h) S4i
(i) S4c　(j) S5a　(k) S5i　(l) S5c
(m) S6a　(n) S6i　(o) S6c　(p) S7a
(q) S7i　(r) S7c　(s) S8a　(t) S8i
(u) S8c　(v) S9a　(w) S9i　(x) S9c

图 4-4　改性煤样的煤水接触角

表 4-1 改性煤样的煤水接触角

煤样编号	电解液浓度/(mol·L^{-1})	电位梯度/(V·cm^{-1})	接触角 1/(°)	接触角 2/(°)	接触角 3/(°)	接触角 4/(°)	平均接触角/(°)
S_1	0.05	0	82.3	83.2	81.9	81.1	82.12
S_{2a}	0.05	0.5	75.5	75.3	80.1	70.2	75.28
S_{3a}	0.05	1	74.5	78.1	69.5	77.2	74.83
S_{4a}	0.05	2	72.7	79.2	65.3	73.4	72.65
S_{5a}	0.05	4	62.4	65.4	58.3	64.8	62.73
S_{6a}	0	1	77.4	75.3	81.4	75.8	77.48
S_{7a}	0.1	1	73.5	74.2	76.3	71.3	73.83
S_{8a}	0.25	1	67.8	69.8	70.9	63.3	67.95
S_{9a}	0.5	1	70.7	72.7	69.6	67.4	70.10
S_{2i}	0.05	0.5	77.1	81.1	74.2	77.1	77.38
S_{3i}	0.05	1	75.2	73.5	70.3	81.1	75.03
S_{4i}	0.05	2	72.3	76.3	71.3	71.8	72.93
S_{5i}	0.05	4	64.1	59.4	64.4	69.2	64.28
S_{6i}	0	1	80.3	83.4	76.9	81.1	80.43
S_{7i}	0.1	1	73.8	69.8	74.1	77.6	73.83
S_{8i}	0.25	1	68.3	63.8	68.9	72.5	68.38
S_{9i}	0.5	1	71.8	70.3	74.9	67.2	71.05
S_{2c}	0.05	0.5	77.6	81.9	76.4	74.9	77.70
S_{3c}	0.05	1	75.3	71.2	78.4	77.3	75.55
S_{4c}	0.05	2	73.4	77.1	71.3	73.4	73.80
S_{5c}	0.05	4	65.3	60.3	68.4	69.2	65.80
S_{6c}	0	1	80.7	78.3	83.1	77.6	79.93
S_{7c}	0.1	1	73.2	73.8	70.4	76.9	73.58
S_{8c}	0.25	1	70.1	69.1	70.9	67.3	69.35
S_{9c}	0.5	1	71.2	74.2	68.3	72.2	71.48

图 4-5 所示为阳极区域、中间区域和阴极区域改性煤样的煤水接触角随电位梯度的变化。可见，随着电位梯度的升高，阳极区域、中间区域和阴极区域改性煤样的煤水接触角降低，当电位梯度为 4 V/cm 时，3 个区域煤水接触角的最高降幅分别为 26.9%、25.1%和 23.7%。对图中数据进行拟合，得：

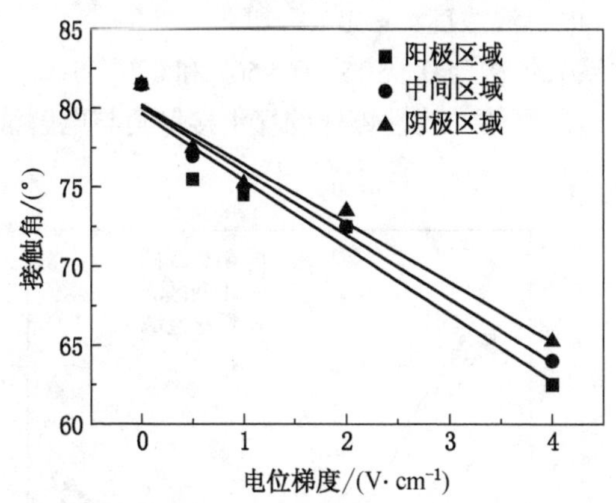

图 4-5　改性煤样的煤水接触角随电位梯度的变化

$$\left.\begin{aligned}\text{阳极区域：}\theta &= 79.7 - 4.25P\\ \text{中间区域：}\theta &= 80.1 - 4.05P\\ \text{阴极区域：}\theta &= 80.2 - 3.75P\end{aligned}\right\}\tag{4-3}$$

式中　θ——接触角，(°)；

P——电位梯度，V/cm；

相关系数依次为 0.9289、0.9646 和 0.9591。

由拟合结果可知，改性煤样的煤水接触角随电位梯度升高呈线性下降趋势。

图 4-6 所示为阳极区域、中间区域和阴极区域改性煤样的煤水接触角随电解液浓度的变化。可见，随着电解液浓度的升高，阳极区域、中间区域和阴极区域改性煤样的接触角先降低，当电解液浓度为 0.25 mol/L 时，接触角到达最低点，降幅依次为

20.8%、20.2%和18.4%，随后接触角略微升高。对图中数据进行拟合，得：

$$\left.\begin{aligned}&\text{阳极区域：}A = 77.7 - 61.1C + 93C^2\\&\text{中间区域：}A = 79.7 - 75.8C + 119C^2\\&\text{阴极区域：}A = 79.7 - 68.3C + 104C^2\end{aligned}\right\} \tag{4-4}$$

式中　C——电解液浓度，mol/L；

相关系数依次为0.9506、0.9507和0.9105。

由拟合结果可知，改性煤样的煤水接触角与电解液浓度之间呈U形关系。

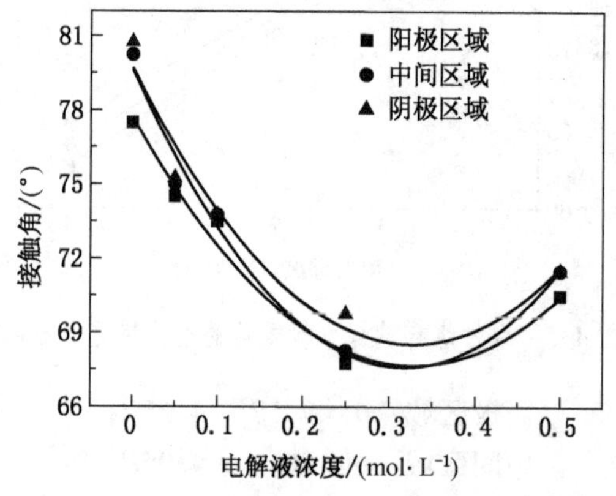

图4-6　改性煤样的煤水接触角随电解液浓度的变化

4.2　改变煤毛细作用力的分析

根据煤水接触角测试结果和第2章自然煤样与改性煤样的平均孔径测试数据（压汞法），由式（4-2）对自然煤样和不同改性方案阳极区域、中间区域、阴极区域煤样的毛细作用力计算，结果见表4-2。由表4-2可知，自然煤样的平均毛细作用力为170 N，方案1煤样的毛细作用力为235 N，方案2~方案9阳极区域改性煤样的毛细作用力为254~437 N，平均347 N；中间区域改性煤样的毛细作用力为273~528 N，平均399 N；阴极区域改性煤样的毛细作用力为269~579 N，平均352 N。

表4-2 自然煤样和改性煤样的毛细作用力计算结果

煤样编号	改性区域	电解液浓度/($mol \cdot L^{-1}$)	电位梯度/($V \cdot cm^{-1}$)	接触角/(°)	平均孔径/μm	毛细作用力/N
自然煤样	—	—	—	85.52	16.68	170
S_1	—	0.05	0	82.12	21.17	235
S_{2a}	阳极区域	0.05	0.5	75.28	30.51	303
S_{3a}	阳极区域	0.05	0.5	74.83	26.58	358
S_{4a}	阳极区域	0.05	0.5	72.65	24.8	437
S_{5a}	阳极区域	0.05	1	62.73	65.62	254
S_{6a}	阳极区域	0.05	1	77.48	27.41	287
S_{7a}	阳极区域	0.05	1	73.83	23.82	425
S_{8a}	阳极区域	0.05	2	67.95	31.77	429
S_{9a}	阳极区域	0.05	2	70.1	43.75	283
S_{2i}	中间区域	0.05	2	77.38	29.09	273
S_{3i}	中间区域	0.05	4	75.03	33.19	283
S_{4i}	中间区域	0.05	4	72.93	20.65	516
S_{5i}	中间区域	0.05	4	64.28	29.86	528
S_{6i}	中间区域	0	1	80.43	19.71	306
S_{7i}	中间区域	0	1	73.83	29.14	347
S_{8i}	中间区域	0	1	68.38	30.79	435
S_{9i}	中间区域	0.1	1	71.05	23.49	502
S_{2c}	阴极区域	0.1	1	77.7	28.79	269
S_{3c}	阴极区域	0.1	1	75.55	31.73	286
S_{4c}	阴极区域	0.25	1	73.8	23.49	431

表 4-2（续）

煤样编号	改性区域	电解液浓度/(mol·L^{-1})	电位梯度/(V·cm^{-1})	接触角/(°)	平均孔径/μm	毛细作用力/N
S_{5c}	阴极区域	0.25	1	65.8	25.71	579
S_{6c}	阴极区域	0.25	1	79.93	23.55	270
S_{7c}	阴极区域	0.5	1	73.58	29.36	350
S_{8c}	阴极区域	0.5	1	69.35	38.18	336
S_{9c}	阴极区域	0.5	1	71.48	39.21	294

图 4-7 所示为改性煤样毛细作用力随电位梯度的变化规律。可见，随着电位梯度的升高，阳极区域和中间区域改性煤样的毛细作用力呈倒 U 形变化规律，阴极区域改性煤样的毛细作用力呈指数逐渐升高。对图中数据拟合，得：

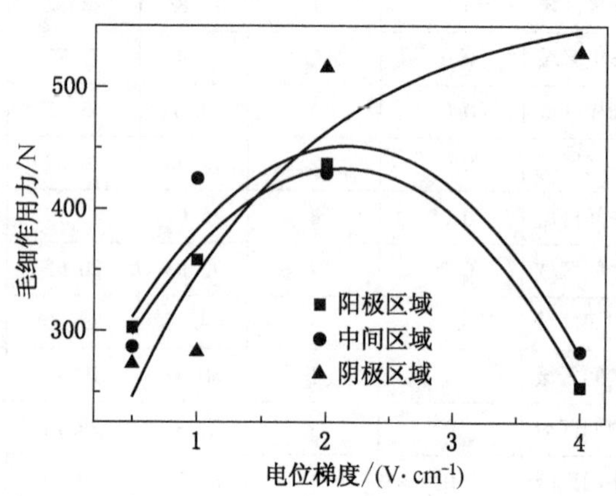

图 4-7　改性煤样的毛细作用力随电位梯度的变化规律

$$
\left.\begin{aligned}
&\text{阳极区域：} F = 202 + 217P - 51P^2 \\
&\text{中间区域：} F = 214 + 220P - 51P^2 \\
&\text{阴极区域：} F = 570 - 469\exp(-0.74P)
\end{aligned}\right\} \tag{4-5}
$$

式中　F——毛细作用力，N；

P——电位梯度，V/cm；

相关系数依次为 0.9753、0.5817 和 0.6067。

图 4-8 所示为改性煤样毛细作用力随电解液浓度的变化规律。可见，随着电解液浓度的升高，阳极区域和阴极区域改性煤样的毛细作用力呈倒 U 形变化，中间区域改性煤样的毛细作用力呈指数规律增大。对图中数据进行拟合，得：

$$\left.\begin{aligned}&\text{阳极区域：}F = 301 + 1214C - 2511C^2\\&\text{中间区域：}F = 634 - 332\exp(-1.88C)\\&\text{阴极区域：}F = 281 + 541C - 1045C^2\end{aligned}\right\}\qquad(4\text{-}6)$$

式中　C——电解液浓度，mol/L；

相关系数依次为 0.9957、0.9962 和 0.8462。

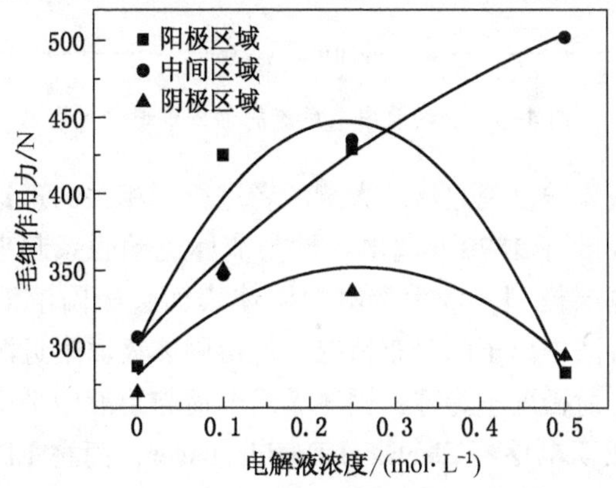

图 4-8　改性煤样毛细作用力随电解液浓度的变化规律

4.3　改变煤表面电动特性的测试与分析

4.3.1　测试原理

煤的电动特性是指煤粒或煤体孔裂隙中的液体在电场作用下发生运移的性质，它主要表现为电渗和电泳两种现象。电渗是指在电场作用下液体对固定的毛细管固体表面电荷做相对运动，其形成机理如图 4-9 所示。固体表面的吸附作用和分子扩散作用使毛细管壁附近形成电荷紧密层和扩散层。在扩散层内，由于单位体积溶液的净电荷密度不为零，施加电场会对其中的离子产生体积力，从而推动离子运动并带动附近的液体运移。电泳是指在电场作用下带电溶胶粒子（如煤粒或矿物颗粒）向着与自己电荷相反的电极方向运移。

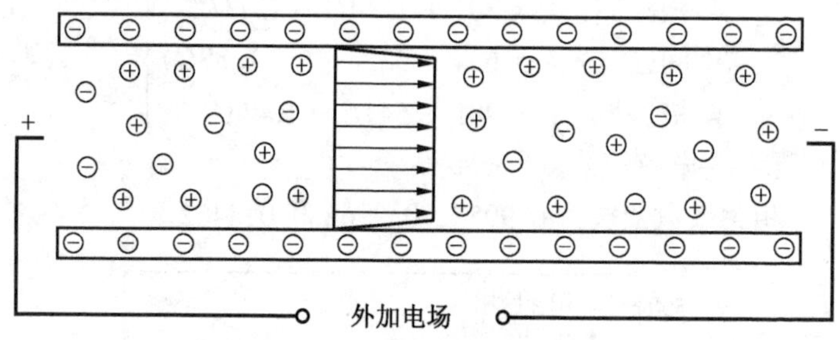

图 4-9　毛细管中电渗流的形成机理示意图

电动现象被发现之后，大量学者进行了相关的理论与试验研究。Helmholtz 于 1879 年将电特性与流体流动联系起来，建立了第一个双电层模型，认为带电的固体表面会吸附溶液中的反离子，影响溶液中离子的分布情况，使得固体表面附近溶液中的单位体积净电荷密度不为零，固体表面电荷与溶液中平衡电荷的重新分布形成双电层（Electrical Double Layer，简称 EDL），如图 4-10a 所示。

溶液中一部分反离子被牢固地吸附在固体表面形成固定层，将这些离子的中心连线，称之为 Stern 面。Stern 面将双电层分为内外两层，内层称为 Stern 层（也叫紧密层），外层称为扩散层，是指从 Stern 面到电势为零界线的地方。在扩散层内，电荷密度随着与固体表面距离的增加逐渐接近溶液中的电荷密度，即距离固体表面越远，反离子浓度越低，并且在扩散层内距离固体表面某一位置处，固液两相之间在电场的作用下可以发生相对滑动，称为“滑移面”。双电层常出现在靠近流道壁面的地方，厚度约为几纳米到几百纳米，内部的电势呈扩散状态分布，即在壁面处存在一个电势值，随着与壁面距离的增大，电势的绝对值迅速减小直至变为零。滑移面上的电位与液体内部的电位差称为电动电位，即 ζ(zeta) 电位，如图 4-10b 所示。

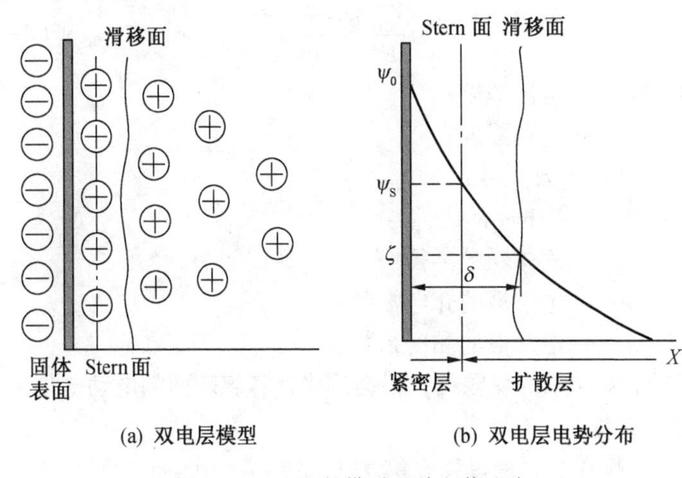

(a) 双电层模型 (b) 双电层电势分布

图 4-10 双电层模型及其电势分布

一般而言，滑移面的实际位置是不明确的，即 ζ 电位存在着很大的局限性。1941 年，Eversole 和 Boardman 推导发现，当滑移面的位置在扩散双电层的框架内时，滑移面和 Stern 面重合，即

$$\tanh\left(\frac{\zeta ez}{4\kappa\tau}\right) = \tanh\left(\frac{\varphi_0 ez}{4\kappa\tau}\right) e^{-\kappa\tau} \tag{4-7}$$

式中 e——电子电荷，1.602×10^{-19}C；

z——离子化合价；

φ_0——表面电位；

τ——滑移面与吸附层间的距离；

κ——Debye 常数。

原理上，煤表面的 ζ 电位与电泳、电渗现象、电解液的迁移电位有关，但是由于煤孔隙几何模型的建立比较困难，通过测量电渗速度和迁移电位很难确定煤的 ζ 电位。一般采用电泳法对其进行测量，在电泳实验中，施加直流电场时能观测到稀释悬浮液中煤粒的运动，其电泳运动遵循 Henry 方程，即

$$\frac{V_{ep}}{E}=\frac{f\varepsilon\zeta}{\pi\eta} \tag{4-8}$$

式中 V_{ep}——电泳速度；

E——电场强度；

f——$\kappa\alpha$ 系数；

κ——Debye 常数；

α——固体颗粒半径；

ε——电解液的介电常数；

η——电解液的黏度系数。

对于 $\kappa\alpha \geqslant 1$ 的煤颗粒，根据该式计算煤表面的电动电位。

4.3.2 煤样

测试煤样为自然煤样和第 2.2 节表 2-3 中 9 个改性方案电化学作用过程中阳极区域、中间区域和阴极区域的煤样。

4.3.3 测试仪器

采用 Powereach 公司生产的 JS94H 型微电泳仪测试煤样的电动电位。该仪器测试的颗粒粒径范围为 0.5~20 μm；输入 pH 范围为 1.6~13.0，步长为 0.1；测试电极为 Ag 电极；切换时间为 700 ms。其测试原理为：将电极支架插入装有样品的电泳杯，并对电极支架施加低频转换电，煤粒发生运移，根据运移距离与环境条件（pH 和电场强度）计算 ζ 电位。

4.3.4 测试过程

（1）在第 2.2 节煤电化学改性试验过程中，用玻璃吸管每隔 0.5 h 分别在阳极区域、中间区域和阴极区域采集 30 mL 电解液

装入 3 个容积为 50 mL 的量管中，并在这 3 个区域各采集一个改性煤块，将其置入 105~110 ℃真空干燥箱烘烤至恒重。

(2) 用雷磁 pH 计分别测试 3 个量管内电解液的 pH 值，并作记录。

(3) 研磨烘干的煤样并分筛出 200 目粒径，等分成三份，分别装入 3 个量管中形成悬浮液，摇晃均匀。

(4) 取 0.5 mL 悬浮液注入电泳杯，插入十字架调整焦距。

(5) 将电极支架置入电泳杯，输入环境温度、电压和电解液的 pH 值等测试条件，开始测试。

(6) 根据电场方向和颗粒运移方向判断颗粒的电荷极性，根据式 (4-8) 计算电动电位。

4.3.5 测试结果及其分析

1. 自然煤样的电动电位

图 4-11 所示为在蒸馏水中的自然煤样加电前和加电后时间

(a) 加电前

(b) 加电后

图 4-11 蒸馏水中的自然煤样加电前后煤粒运移图像

间隔 700 ms 的颗粒运移图像。观察可知图 4-11a 中的煤粒向阳极方向移动，说明煤粒带负电，并测得自然煤样的 pH 值为 6.12，电动电位为-47.28 mV。

2. 改性过程中的 pH 值和电动电位变化规律

图 4-12 所示为不同电位梯度和不同电解液浓度作用时阳极区域 pH 值和电动电位随时间的变化曲线。可见，随着时间的延长，所有方案阳极区域的 pH 值在 60 h 内的降幅较明显，随后 pH 降低缓慢，100 h 后 pH 趋于稳定，120 h 时不同电位梯度和不同电解液浓度作用时阳极区域的 pH 值分别为 1.58~2.97 和 2.04~3.14。随着时间的延长，阳极区域煤样的电动电位稳步上升，120 h 时不同电位梯度和不同电解液浓度作用时煤样的电动电位为-10.78~17.83 mV 和-14.78~5.31 mV。而且随着电位梯度和电解液浓度的升高，120 h 时阳极区域的 pH 值的降低量增加，煤样电动电位的增大量增加（图 4-13a、图 4-13b）。

图 4-14 所示为不同电位梯度和不同电解液浓度时中间区域 pH 值和电动电位随时间的变化曲线。可见，10 h 内所有方案中间区域的 pH 值增幅较大，随后 pH 值稳步上升，120 h 时不同电位梯度和不同电解液浓度作用时中间区域的 pH 值分别为 8.62~9.56 和 8.32~9.21。随着时间的延长，煤样的电动电位逐渐下降，120 h 时，不同电位梯度和不同电解液浓度作用时中间区域煤样的电动电位分别为-60.1~-53.41 和-58.1~-52.97。随着电位梯度和电解液浓度的升高，120 h 时中间区域的 pH 值的增大量增加，煤样电动电位的减小量增加（图 4-15a、图 4-15b）。

图 4-16 所示为不同电位梯度和不同电解液浓度作用时阴极区域 pH 值和电动电位随时间的变化曲线。可见，30 h 内所有方案阴极区域的 pH 值的增幅较大，随后 pH 值增加缓慢，90 h 后 pH 趋于稳定，120 h 时，不同电位梯度和不同电解液浓度作用时

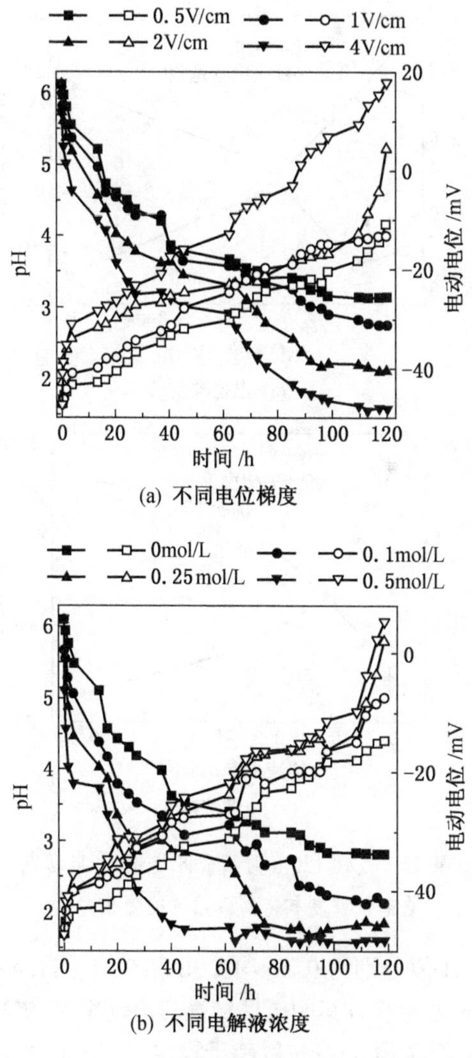

(a) 不同电位梯度

(b) 不同电解液浓度

图 4-12 阳极区域 pH 和电动电位随时间的变化曲线

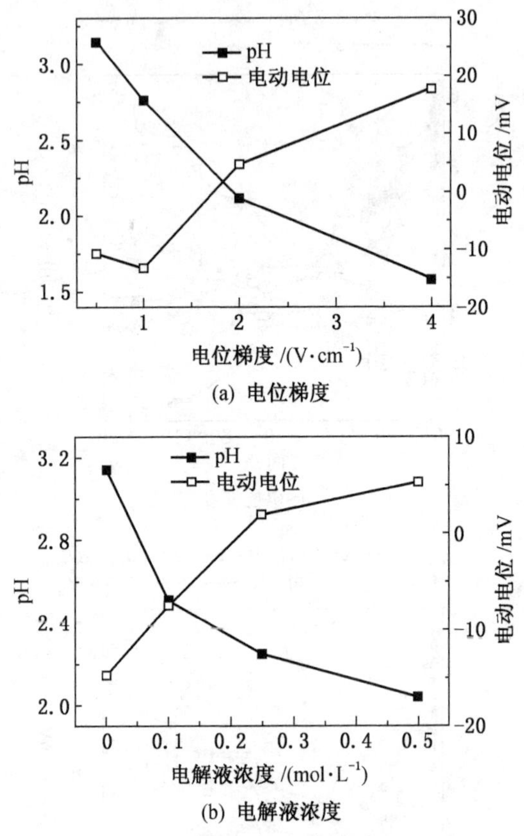

图 4-13　改性 120 h 时阳极区域 pH 和电动电位随电位梯度和电解液浓度的变化曲线

中间区域的 pH 值分别为 9.56~12.38 和 9.38~11.43。随着时间的延长，30 h 内所有方案阴极区域煤样电动电位的降幅较大，随后电动电位下降缓慢，60 h 后趋于稳定，120 h 时，不同电位梯度和不同电解液浓度作用时阴极区域煤样的电动电位分别为 -59.1~-53.13 和-59.6~-52.13。随着电位梯度和电解液浓度

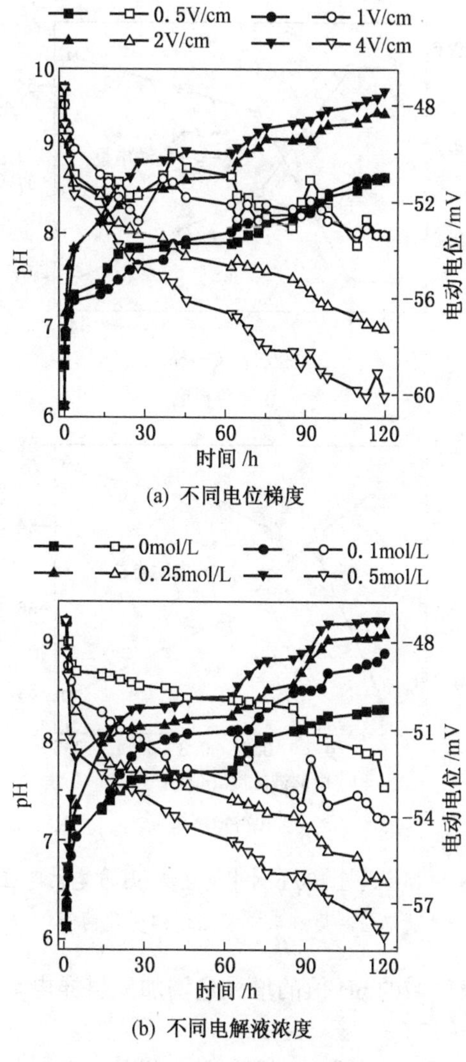

(a) 不同电位梯度

(b) 不同电解液浓度

图 4-14 中间区域 pH 和电动电位随时间的变化曲线

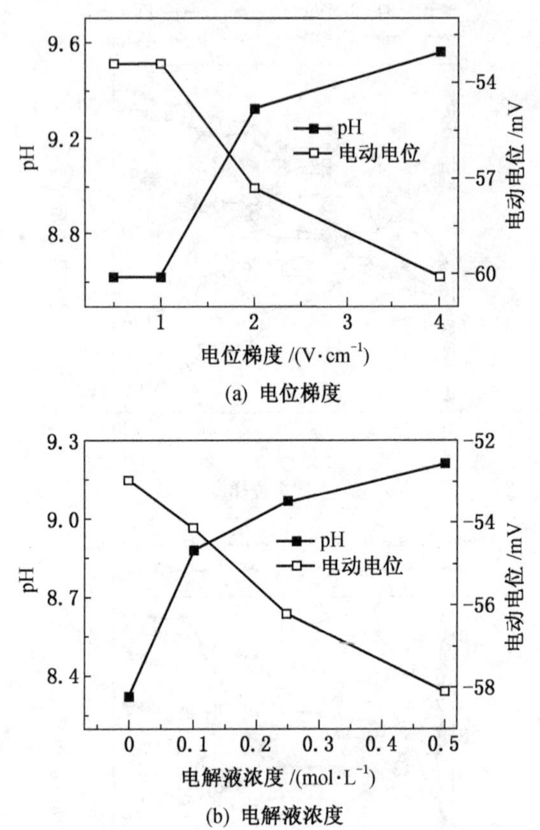

图 4-15 改性 120 h 时中间区域 pH 和电动电位随电位梯度和电解液浓度的变化曲线

的升高，阴极区域的 pH 值的增大量增加，煤样电动电位的减小量增加（图 4-17）。

总之，电化学过程中，阳极区域煤样的电动电位升高，而中间区域和阴极区域煤样的电动电位降低。根据 Smoluchowski 提出的电渗流方程：

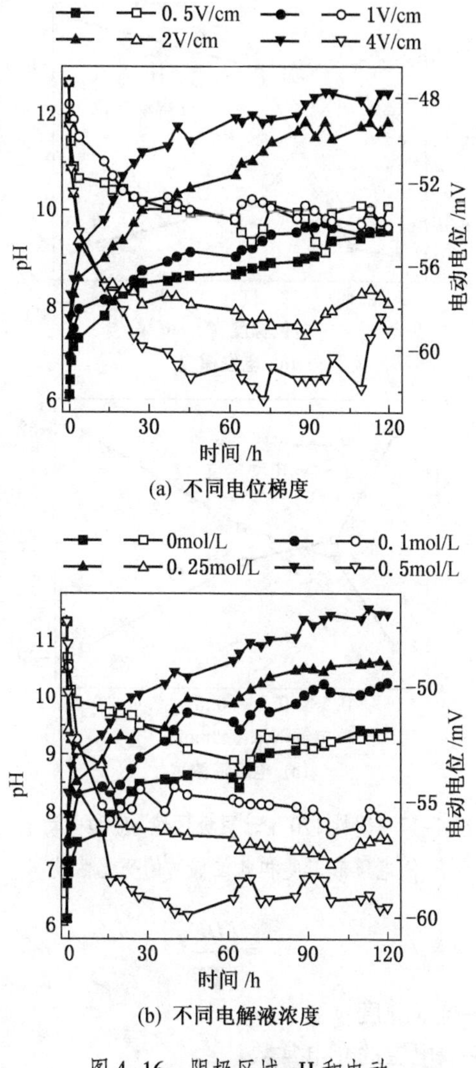

图 4-16 阴极区域 pH 和电动电位随时间的变化曲线

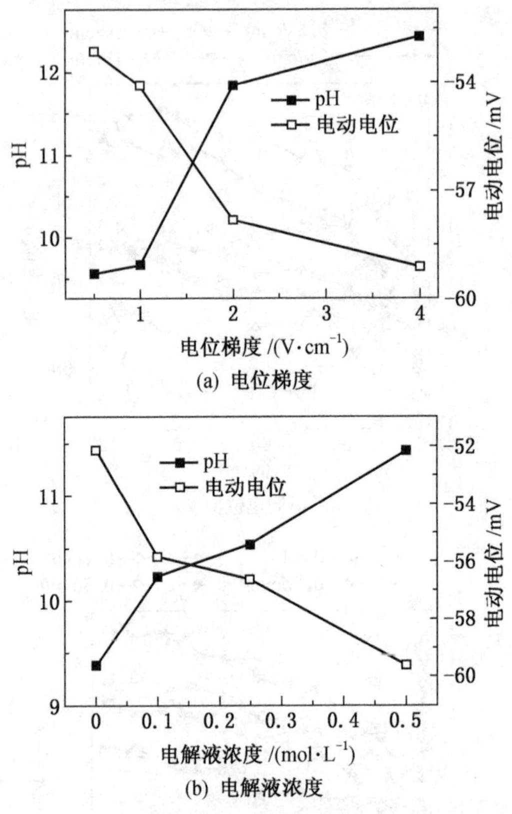

图 4-17 改性 120 h 时阴极区域 pH 和电动电位随电解液浓度和电位梯度的变化曲线

$$V=\frac{\xi DE}{4\pi\eta} \tag{4-9}$$

式中 V——电渗速度；

D——双电层的介电常数；

E——电场强度。

可知，孔裂隙中电解液的电渗速度与电动电位和电场强度成正比，当电场强度一定时，阳极区域煤样电动电位的升高会降低电解液的电渗速度，中间区域和阴极区域煤样电动电位的降低会增加电解液的电渗速度。

4.4 改变煤表面基团的测试与分析

4.4.1 测试原理

煤样的表面基团可通过红外光谱法进行测试，其基本原理是：当频率为 v 的红外光照射分子时，由于辐射能量 hv 小(2500~25000 nm)，不足以激发分子内的电子跃迁，但可以与分子振动能级匹配而被吸收，通过研究不同频率红外光照射下样品对入射光的吸收情况，就可以得到反映分子中质点振动的红外光谱。

红外光谱属于吸收谱，样品对红外光的吸收符合 Beer 定律(详细介绍见第 3.2.2 节)。在红外区域出现的分子振动光谱，其吸收峰的位置和强度取决于分子中各基团的振动形式和相邻基团的影响。因此，只要掌握各种基团的振动频率（即吸收峰的位置）以及吸收峰位置移动的规律（即位移规律)，就可以进行光谱解析，从而确定试样中存在哪些化合物或官能团。在一定条件下，还可对这些化合物或官能团的含量进行定量分析。谢克昌等对煤和煤衍生物的红外光谱进行了大量的研究，对煤中的各种官能团和结构及其特征的吸收峰进行了解析（表 4-3)。

表 4-3 煤的红外光谱吸收峰的归属

脂肪族和芳香族		含氧官能团	
波数	归属	波数	归属
3030	芳烃 CH	3300	氢键缔合的—OH
2950	$—CH_3$	1610	氢键缔合的 C＝O
2920 与 2850	脂肪族—CH、CH_2 和 CH_3	1300~1110	酚、醚的 C—O 与 O—H

表 4-3（续）

脂肪族和芳香族		含氧官能团	
波数	归属	波数	归属
1600	芳环 C ═C	1100~1000	Si—O—Si
1450	$—CH_2$、$—CH_3$ 与碳酸盐		
900~700	芳烃 CH 与碳酸盐		

4.4.2 试样

测试煤样为自然煤样和第 2.2 节表 2-3 中 9 个改性方案中经电化学作用后阳极区域、中间区域和阴极区域的改性煤样。对煤样进行研磨、分筛出 200 目粒径，称取 10 g 煤样置入 105~110 ℃真空干燥箱烘烤至恒重。

4.4.3 测试仪器

采用美国 Thermo Fisher 公司生产的 Nicolet iS5 型傅里叶变换红外光谱仪测试煤样的表面基团。该仪器光谱检测范围为 7800~350 cm^{-1}，光谱分辨率优于 0.5 cm^{-1}，波数精度优于 0.01 cm^{-1}，信噪比为 40000∶1。

4.4.4 测试过程

称取 0.0005 g 煤样，与干燥 KBr 粉末以 1∶160 的比例在玛瑙研钵中混合研磨；研磨均匀后将煤样装入压片模具内压片；将压制好的煤片移至红外光谱仪内，进行 FTIR 测定；采用 SNV（standard normal variate）法对所得谱图进行基线校正，以消除颗粒散射的影响。

4.4.5 测试结果及其分析

1. 自然煤样的表面基团

自然煤样的红外光谱图如图 4-18 所示，其峰面积统计结果见表 4-4。可见，自然煤样在波数 800~4000 cm^{-1}之间共有 a、b、c、d、e、f、g 等 7 个峰，分别分布在波数 3400 cm^{-1}、

2920 cm^{-1}、2850 cm^{-1}、1620 cm^{-1}、1430 cm^{-1}、1030 cm^{-1}和波数 860 cm^{-1}处，依次代表羟基（OH）、亚甲基（CH_2）、甲基（CH_3）、羰基与芳香环 C ═C 双键、CH_3 与碳酸盐、Si—O—Si 键、芳烃（CH）与碳酸盐等基团。其中，在波数 3400 cm^{-1}处的羟基（OH）相对较大，说明自然煤样中的羟基含量较多。

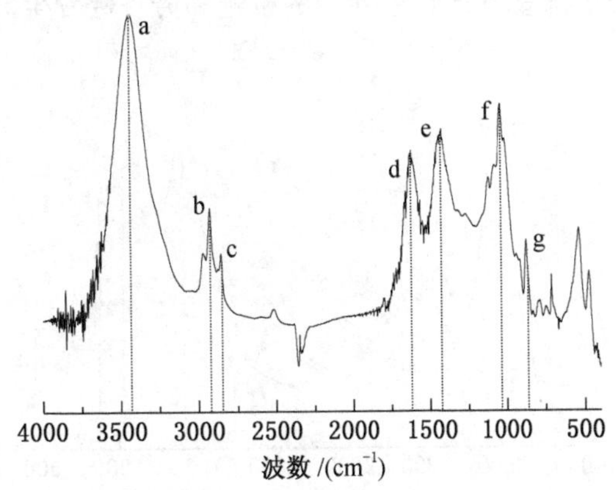

a—OH；b—CH_2；c—CH_3；d—羰基与 C ═C；
e—CH_3 与碳酸盐等；f—Si—O—Si；g—芳烃 CH 与碳酸盐等

图 4-18 自然煤样的红外光谱图

表 4-4 自然煤样红外光谱图中的峰面积统计

煤样类型	峰面积/cm^{-1}						
	a	b	c	d	e	f	g
自然煤样	10.981	0.236	0.112	1.023	1.184	1.781	0.209

2. 改性煤样的表面基团

方案 1 经 Na_2SO_4 溶液浸泡烘干煤样的红外光谱图如图 4-19 所示，其峰面积统计结果见表 4-5。与自然煤样相同，分别在波数 3400 cm^{-1}、2920 cm^{-1}、2850 cm^{-1}、1620 cm^{-1}、1430 cm^{-1}、1030 cm^{-1}和波数 860 cm^{-1}处有 7 个峰，但波数 3400 cm^{-1}处的羟

基峰、2920 cm^{-1}与 2850 cm^{-1}的亚甲基和甲基等脂肪烃以及波数 1430 cm^{-1}处的 C ═C 的峰面积降低，尤其是亚甲基和 C ═C 双键。波数 1030 cm^{-1}和 860 cm^{-1}处的 Si—O—Si 键与碳酸盐的峰面积明显增大。由于煤中的亚甲基一般作为桥键联结煤的基本结构单元，并且 C ═C 双键是芳香烃的主要代表。因此，这些峰面积的变化说明了煤基本结构单元中的桥键和芳香烃发生断裂。

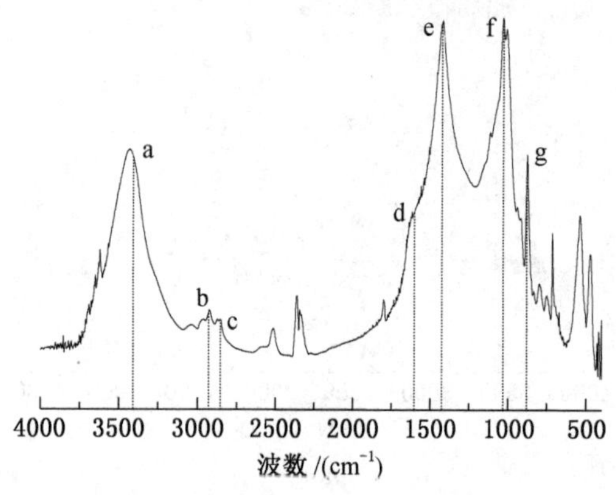

图 4-19　改性煤样 S_1 的红外光谱图

表 4-5　改性煤样 S_1 红外光谱图中的峰面积统计

煤样类型	峰面积/cm^{-1}						
	a	b	c	d	e	f	g
改性煤样 S_1	10.196	0.072	0.083	0.02	5.382	6.055	0.81

图 4-20 所示为不同电位梯度和不同电解液浓度作用时阳极区域改性煤样的红外光谱图，图 4-20 谱图中的峰面积统计见表 4-6。可见，经电化学作用后，阳极区域改性煤样的表面基团发生如下变化：

（1）随着电位梯度和电解液浓度的升高，波数 3400 cm^{-1}处的羟基峰面积先略微升高，当电位梯度和电解液浓度分别增至 2 V/cm 和 0.5 mol/L 时，波数 3400 cm^{-1}处的羟基峰面积明显下降；波数 2920 cm^{-1}、2850 cm^{-1} 与 1430 cm^{-1} 处的 CH_2 和 CH_3 等烷基峰面积降低。说明在较弱的电化学作用下，阳极区域煤样受到氧化，表面含氧官能团增多，而脂肪烃支链减少，当电化学作用较强时，这些含氧官能团因分解生成气体而减少，反应方程式如下：

$$RCOO^- + R^1COO^- \longrightarrow 2CO_2 + RR^1 + 2e^- \quad (4-10)$$

（2）波数 860 cm^{-1} 处的碳酸盐峰值降低，说明阳极区煤样中的碳酸盐减少。

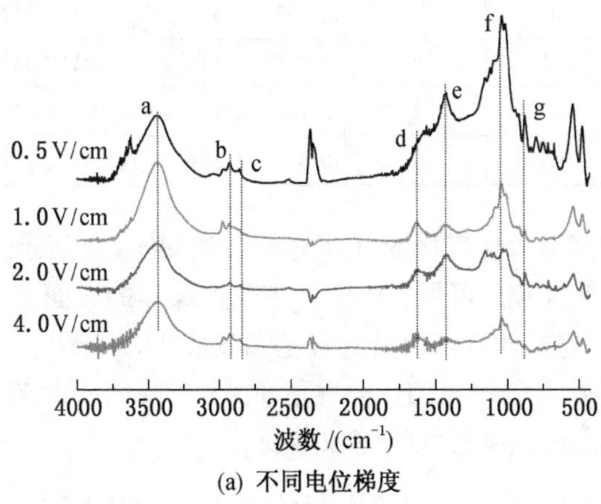

(a) 不同电位梯度

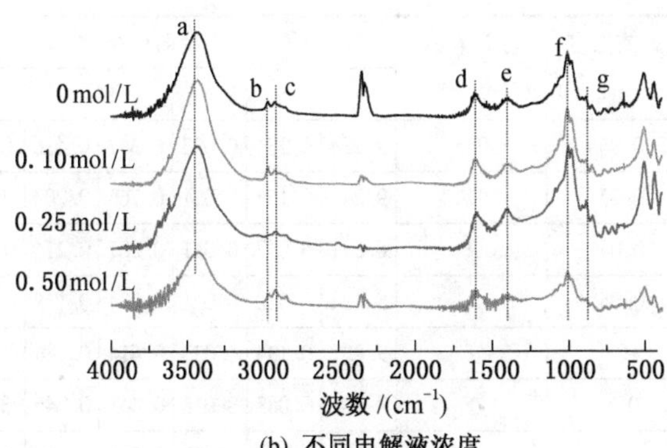

(b) 不同电解液浓度

图 4-20　阳极区域改性煤样的红外光谱图

表 4-6 阳极区域改性煤样红外光谱图中的峰面积统计

煤样编号	电解液浓度/(mol·L^{-1})	电位梯度/(V·cm^{-1})	峰面积/cm^{-1}						
			a	b	c	d	e	f	g
S_{2a}	0.05	0.5	11.314	0.313	0.102	0.738	1.232	8.278	0.314
S_{3a}	0.05	1	14.872	0.372	0.282	0.913	0.451	3.484	0.130
S_{4a}	0.05	2	12.031	0.123	0.083	0.714	0.414	2.581	0.102
S_{5a}	0.05	4	10.831	0.092	0.046	0.435	0.215	1.853	0.073
S_{6a}	0	1	12.137	0.213	0.142	0.835	0.312	2.839	0.092
S_{7a}	0.1	1	16.425	0.341	0.245	0.983	0.347	3.729	0.103
S_{8a}	0.25	1	15.151	0.151	0.04	1.041	0.622	4.588	0.187
S_{9a}	0.5	1	10.832	0.146	0.031	0.834	0.244	1.431	0.057

中间区域改性煤样的红外光谱图如图 4-21 所示，其峰面积统计表见表 4-7。可见，中间区域改性煤样的表面基团发生如下变化：①波数 3400 cm^{-1}处的羟基和波数 2920 cm^{-1}、2850 cm^{-1}与 1430 cm^{-1}处的 CH_2 和 CH_3 等烷基峰面积均降低；②波数 1430 cm^{-1}和 860 cm^{-1}处的碳酸盐峰面积降低。

表 4-7 中间区域改性煤样红外光谱图中的峰面积统计

煤样编号	电解液浓度/(mol·L^{-1})	电位梯度/(V·cm^{-1})	峰面积/cm^{-1}						
			a	b	c	d	e	f	g
S_{2i}	0.05	0.5	9.284	0.231	0.023	0.351	0.416	1.143	0.072
S_{3i}	0.05	1	9.241	0.151	0.021	0.763	0.203	1.34	0.054
S_{4i}	0.05	2	6.821	0.047	0.041	0.281	0.214	0.983	0.031
S_{5i}	0.05	4	5.124	0.044	0.021	0.234	0.178	0.972	0.035
S_{6i}	0	1	9.837	0.134	0.023	0.614	0.184	1.24	0.093
S_{7i}	0.1	1	8.741	0.083	0.018	0.441	0.245	3.41	0.084
S_{8i}	0.25	1	6.395	0.074	0.014	0.377	0.22	1.22	0.078
S_{9i}	0.5	1	5.314	0.053	0.01	0.319	0.141	0.834	0.048

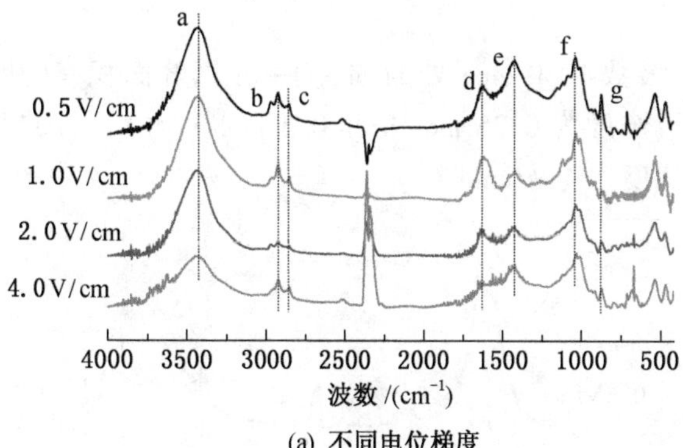

(a) 不同电位梯度

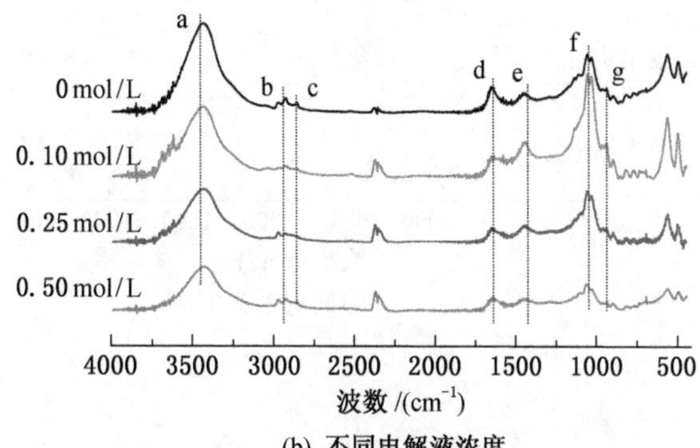

(b) 不同电解液浓度

图 4-21 中间区域改性煤样的红外光谱图

阴极区域改性煤样的红外光谱图如图 4-22 所示，其峰面积统计见表 4-8。可见，阴极区域改性煤样的表面基团发生如下变化：

（1）波数 3400 cm^{-1}处的羟基、波数 2920 cm^{-1}、2850 cm^{-1}与 1430 cm^{-1}处的 CH_2 和 CH_3 等烷基峰面积以及 1600 cm^{-1}处的芳环 C ═C 键峰面积略微降低，说明阴极区域改性煤样支链脱落，芳环裂解。Farooque 与王志忠也观察到上述现象，并且在煤样电化学还原的液化产物中可以检测到长链与短链的脂肪烃。

(2) 波数 1030 cm^{-1} 处的 Si—O—Si 键峰面积有的明显升高(如电解液浓度为 0.25 mol/L 和 0.5 mol/L 时),有的明显下降(如电位梯度为 4 V/cm 时)。

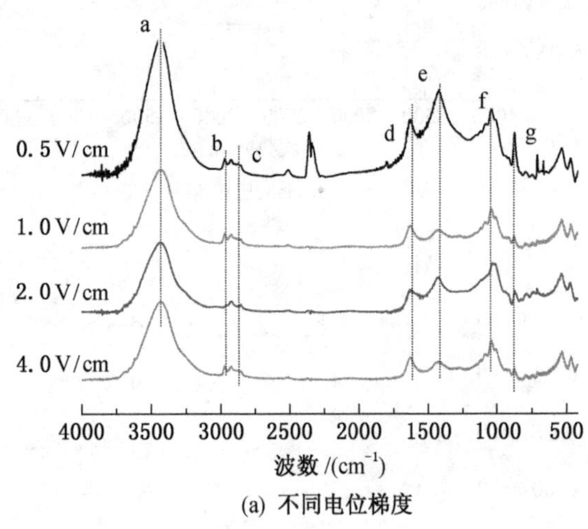

(a) 不同电位梯度

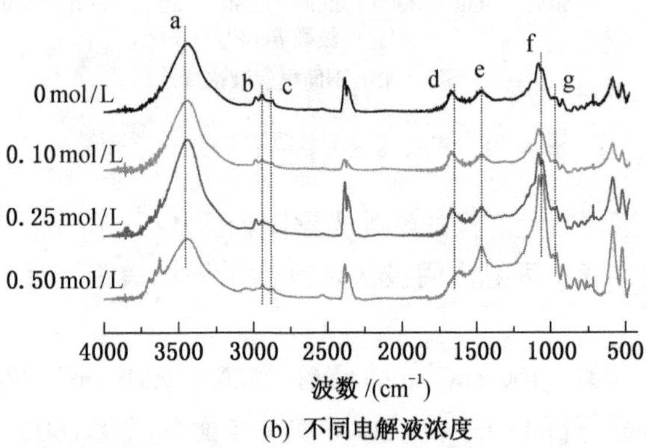

(b) 不同电解液浓度

图 4-22　阴极区域改性煤样的红外光谱图

表 4-8　阴极区域改性煤样红外光谱图中的峰面积统计

煤样编号	电解液浓度/(mol · L^{-1})	电位梯度/(V · cm^{-1})	峰面积/cm^{-1}						
			a	b	c	d	e	f	g
S_{2c}	0.05	0.5	13.893	0.105	0.074	0.214	1.742	2.584	0.027
S_{3c}	0.05	1	10.038	0.183	0.102	0.073	0.245	1.34	0.038
S_{4c}	0.05	2	11.616	0.11	0.04	0.164	0.889	2.341	0.217
S_{5c}	0.05	4	10.314	0.092	0.034	0.082	0.641	2.031	0.141
S_{6c}	0	1	9.241	0.214	0.141	0.056	0.215	1.74	0.192
S_{7c}	0.1	1	9.985	0.141	0.073	0.053	0.373	2.014	0.141
S_{8c}	0.25	1	11.793	0.072	0.011	0.066	0.519	2.375	0.162
S_{9c}	0.5	1	8.734	0.038	0.013	0.034	0.731	3.145	0.039

总之，阳极区域改性煤样的含氧官能团增加，碳酸盐矿物减少；中间区域和阴极区域改性煤样的烷基减少，黏土矿物发生明显变化。

4.5　机理分析与讨论

图 4-23 所示为电化学改性时煤表面基团的变化过程示意图。由于阳极区域发生氧化反应生成 H^+，煤样中的硫铁矿首先被氧化为硫酸铁和元素硫，反应式如下：

$$FeS_2 + 8H_2O \longrightarrow Fe^{3+} + 2SO_4^{2-} + 16H^+ + 15e^- \quad (4-11)$$

反应生成的 Fe^{3+} 作为电解液中的主要氧化剂，在酸性环境中极易将煤表面的亚甲基键（CH_2）和甲基（CH_3）氧化为羰基基团（C═O）和羟基（CH_2—OH）(图 4-23a)，进而增加了煤样中的氧含量，增大了润湿性和电负性。随着氧化反应的继续，这些羰基基团被酯化皂化，连接在芳核（图中用煤结构单元表示）

上的 C—C 键断开，即表面基团脱落，生成低分子量的羰基酸，总反应式可写成：

$$R—CH_2—R \xrightarrow{Fe^{3+}} R—\overset{\overset{\displaystyle O}{|}}{C}—OH + ROH \qquad (4-12)$$

因此，阳极区域改性煤样的表面官能团因深度氧化而脱离。

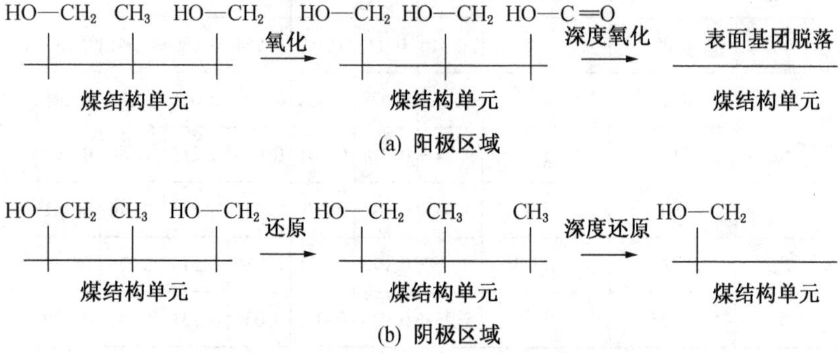

HO—CH₂ CH₃ HO—CH₂ 氧化→ HO—CH₂ HO—CH₂ HO—C═O 深度氧化→ 表面基团脱落

煤结构单元 煤结构单元 煤结构单元

(a) 阳极区域

HO—CH₂ CH₃ HO—CH₂ 还原→ HO—CH₂ CH₃ CH₃ 深度还原→ HO—CH₂

煤结构单元 煤结构单元 煤结构单元

(b) 阴极区域

图 4-23 电化学改性时煤表面基团的变化过程示意图

阴极区域发生还原反应，生成 OH^-，煤样处于碱性环境并被电化学还原，即煤表面的含氧基团被还原氢化，即部分羟基（CH_2-OH）被还原为甲基（CH_3）(图 4-23b)。其反应方程式可表示为

$$C_{100}H_{80}O_9 + (100f - 62)H^+ (100f - 62)e^- \longrightarrow C_{100}H_{100f} + 9H_2O \qquad (4-13)$$

随着还原反应的继续，甲基（CH_3）和亚甲基（CH_2）等支链脱落，从而增大了氧的相对含量。因此，阴极区域改性煤样中润湿性和电负性也增强。

煤样润湿性的提高这会对瓦斯产生两方面作用：一是可以提高与瓦斯之间竞争吸附的能力，对瓦斯产生置换作用；二是可以减小占据的瓦斯运移通道空间，增大瓦斯有效渗透率。

5 煤瓦斯解吸特性的块度效应及其强化效果研究

我国煤层瓦斯吸附能力强，尤其是高阶煤储层，多达 90% 的瓦斯以吸附状态赋存于煤体中，而且瓦斯解吸十分缓慢，在煤粒尺寸为 1 μm、10 μm、100 μm、1 mm、1 cm 和 1 m 条件下，瓦斯 90% 解吸所需的时间分别为 4. 65 s、10 min、13 h、1 个月、15 年和 15 万年。实际也证明了这一点，从煤壁截割的煤运到地面储煤仓、选煤厂、甚至到用户，仍有大量瓦斯放散出来，甚至会引发选煤厂精煤仓瓦斯燃烧或爆炸事故。另外，在煤矿开采和煤层气开发过程中，工程扰动以及水压致裂增透措施会破坏煤体的完整，从而改变瓦斯解吸特征，甚至可能因瓦斯释放速度过快而引发煤与瓦斯突出事故或者造成煤层气排采过程中井壁坍塌等问题。因此，如何强化并促进煤体中的瓦斯解吸对于瓦斯抽采利用具有十分重要的意义，而且研究煤瓦斯解吸特征的块度效应对深入了解煤层中瓦斯运移规律、预防瓦斯事故以及提高煤层气开采效率等具有指导意义。本章研制块煤吸附解吸装置和电化学强化煤瓦斯解吸试验装置，采用此装置进行不同块度自然煤样瓦斯的吸附解吸特性试验、电化学作用过程中煤瓦斯解吸特性的试验以及电化学作用前后煤瓦斯解吸特性的对比试验，分析无烟煤块度、电解液酸碱度 (pH 值)、电解液浓度和电位梯度等参数对煤瓦斯解吸率和解吸时间的影响，并结合煤孔裂隙结构变化对其机理进行深入分析。

5.1 无烟煤瓦斯解吸特性的块度效应

5.1.1 试验方法

1. 试验煤样与装置

试验煤样取自山西晋城沁水煤田寺河二号井 15 号煤层，为高变质无烟煤，氦气测试真密度为 1.52 cm^3/g。将现场蜡封取回的块状无烟煤加工为以下 6 种块度：0.8～1 mm、8～10 mm、20～25 mm、45～50 mm、70～75 mm 和 130～140 mm（图 5-1），用于研究煤瓦斯解吸特性的块度效应。称取 3 kg 煤样进行高压瓦斯吸附解吸试验，以减小非均质引起的误差。试验前将煤样置入真空干燥箱，于 105～110 ℃烘烤至恒重，充分脱除煤样中的水分。

图 5-1 不同块度煤样

采用自主研发的块煤吸附解吸装置进行不同块度煤瓦斯的吸附解吸试验（图 5-2）。该装置主要由吸附罐、参考罐、恒温水浴（±0.1 ℃）、瓦斯气瓶（甲烷浓度 99.99%）、真空泵和集气量筒等组成。其中，吸附罐内径 150 mm，高 200 mm。该装置最大承受压力为 6 MPa，温控范围为 0～100 ℃，可完成不同块度煤样的吸附试验和不同吸附平衡压力下的解吸动力学试验。

2. 试验方案

本书在对煤样裂隙及不同块度煤样孔隙结构两个方面系统考察煤样孔裂隙结构的基础上，利用块煤吸附解吸装置进行不同块

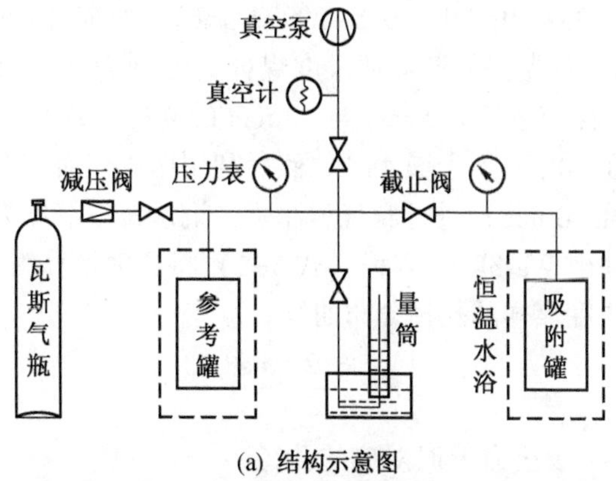

(a) 结构示意图

(b) 实物图

图 5-2 块煤瓦斯吸附解吸试验装置

度煤样的解吸动力学试验。

（1）采用 Optec 光学显微镜测试煤样的裂隙结构。将块煤煮胶、切片、打磨、抛光为长 35 mm、宽 35 mm、高 15 mm 的长方体试件，并置于载物台放大 40 倍进行观测。然后利用 Photoshop 软件中的 Photomerge 功能拼接所采集的煤样图像，并对其进行分析处理以获得裂隙形态特征，如裂隙长度、平均间距、裂缝宽度、矿物充填情况和连通性等。

（2）采用压汞法测试不同块度自然煤样的孔隙结构。测试仪器为美国 Microcritics 公司生产的 Autopore 9505 压汞仪，汞压范围为 0.0035~207 MPa(0.5~29997 psia)，对应孔径范围为 6~361509 nm。首先，加工 4 种尺度煤样，分别为 0.8~1.2 mm 与 2~4 mm 煤粒和边长为 6 mm 与 10 mm 的立方体煤块，将其置入干燥箱，在 105 ℃下干燥 48 h。然后利用压汞仪对装有煤样的膨胀计（内径 10 mm）进行脱气和注汞，记录每一级压力增量时的进汞量，并由 Washburn 方程（式 5-1）将压力换算为孔隙半径，得到不同块度煤样的孔径分布曲线。

$$r = \frac{-2\sigma\cos\theta}{P} \tag{5-1}$$

式中　r——汞压力 P 时对应的孔径，nm；

θ——汞蒸气与煤表面间的接触角，一般取 143°；

σ——表面张力常量，取 0.48 J/m^2。

（3）运用涡定法对不同块度煤样进行不同吸附平衡压力下的解吸动力学试验，试验步骤如下：将煤样装入吸附罐，恒温水浴 60 ℃对装置脱气，至真空度达到 1 Pa 时保持 3 d；调节水浴温度为 25 ℃，向吸附罐充入瓦斯进行恒温恒压（25 ℃，1 MPa）吸附；吸附压力变化小于 0.001 MPa/d 时，进行常压（0.1 MPa）解吸，采用量筒收集气体，当连续 7 d 平均解吸量≤5 mL/d 时，结束解吸测定；改变吸附压力（依次为 25 ℃，2 MPa；25 ℃，3 MPa），重复上述步骤。

对于大多数具有多重孔径分布的煤样来说，双孔隙扩散模型可以较好地表征整个过程中的瓦斯解吸速率。Ruckenstein(1971)研究发现简化的双孔隙扩散模型可以分为大孔隙扩散阶段和小孔隙扩散阶段，分别由式（5-2）与式（5-3）表示。

$$\frac{M_a}{M_\infty} = 1 - \frac{6}{\pi^2}\sum_{n=1}^{\infty}\frac{1}{n^2}\exp\left(-\frac{D_a n^2\pi^2 t}{R_a^2}\right) \tag{5-2}$$

式中　M_a——时间 t 时煤样大孔内的瓦斯解吸量，mL；

R_a——大孔孔径，nm；

D_a——大孔有效扩散系数。

$$\frac{M_{\mathrm{i}}}{M_{\infty}}=1-\frac{6}{\pi^2}\sum_{n=1}^{\infty}\frac{1}{n^2}\exp\left(-\frac{D_{\mathrm{i}}n^2\pi^2t}{R_{\mathrm{i}}^2}\right) \tag{5-3}$$

式中 M_{i}——时间 t 时小孔内的瓦斯解吸量，mL；

R_{i}——小孔孔径，nm；

D_{i}——小孔有效扩散系数。

因此，整体的解吸量可由下式表示。

$$\frac{M_{\mathrm{t}}}{M_{\infty}}=\frac{M_{\mathrm{a}}+M_{\mathrm{i}}}{M_{\mathrm{a}\infty}+M_{\mathrm{i}\infty}}=\beta\frac{M_{\mathrm{a}}}{M_{\mathrm{a}\infty}}+(1-\beta)\frac{M_{\mathrm{i}}}{M_{\mathrm{i}\infty}} \tag{5-4}$$

式中，$\beta=\dfrac{M_{\mathrm{a}\infty}}{M_{\mathrm{i}\infty}+M_{\mathrm{a}\infty}}$——为大孔内的瓦斯解吸量占总瓦斯量的比例。

5.1.2 无烟煤表面显微裂隙

无烟煤样的表面裂隙如图 5-3 所示，其统计结果见表 5-1。可以看出，裂隙之间多相互垂直，发育也较为规整，由其几何形态判别可知，该裂隙为内生裂隙，也称割理。一般情况下，连续性较强、延伸较远的一组称为面割理，见图中裂隙 1-6；面割理之间断续分布的一组称为端割理，见图中裂隙 7-12。对其特征进行统计，结果见表 5-1。由表 5-1 可知，该煤样中面割理裂口

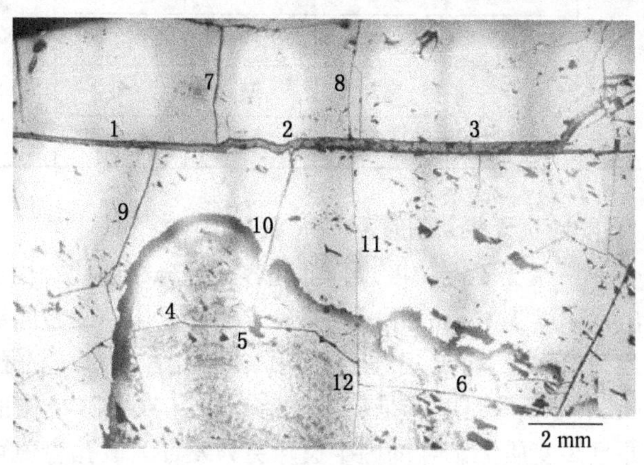

图 5-3 无烟煤样的表面裂隙，×40

宽度多分布于 32~341 μm 之间，端割理裂口宽度多分布于 25~63 μm 之间，并且割理中多有矿物质填充，严重阻碍了气体在渗流通道内的运移。另外，根据面割理和端割理的平均间距可知，该地区煤样中煤基质长 5.66 mm，宽 4.21 mm。

表 5-1　无烟煤样显微裂隙统计表

裂隙编组	裂隙编号	裂隙长度/mm	裂口宽度/μm	有无充填矿物	裂隙间距/mm
1	1	5.62	221	有	4.21
	2	4.26	246	有	
	3	6.21	341	有	
	4	4.68	32	无	
	5	6.95	47	有	
	6	6.26	61	有	
2	7	3.69	36	有	5.66
	8	3.96	32	无	
	9	4.12	49	有	
	10	4.98	63	有	
	11	5.26	25	无	
	12	3.25	37	有	

5.1.3　不同块度无烟煤孔隙结构特征

图 5-4 所示为不同块度煤样的孔容孔径分布曲线。由图 5-4 可以看出，块度为 6 mm 和 10 mm 煤样的孔容孔径分布曲线基本重合，最高峰位置均出现在孔径 91 μm 左右，对应的孔容为 0.293 cm^3/g。考虑到煤体是一种具有双重孔隙裂隙结构的多孔介质，并且高变质无烟煤的内生裂隙更为发育，该孔容值可能代表煤样中频数较高、裂缝宽度为 91 μm 的内生裂隙（割理）的

容积。当煤样块度降至 3 mm 和 1 mm 时，孔径 91 μm 对应的孔容大幅升至 0.961 cm^3/g 和 1.164 cm^3/g，并且最高峰位置也由 91 μm 增至 361 μm。由于通过压汞法测试煤粒得到的孔容主要由颗粒间空隙和颗粒内孔隙组成，且一般情况下颗粒间空隙宽度远大于块煤中的裂隙缝宽，因此测量煤粒得到的孔容值都远高于块煤，并且需要校正才可得到真实孔容。当孔径位于 1 μm 与 10 μm 之间时，3 mm 和 1 mm 煤粒的孔容相对较高，且随块度减小，这种变化逐渐趋向于小孔，说明破坏煤基质会起到扩孔的作用。当孔径小于 100 nm（对应压力 10 MPa）时，块度为 6 mm 和 10 mm 煤样的孔容大幅升高，而 3 mm 煤粒的孔容至孔径 20 nm（对应压力 60 MPa）时开始升高，1 mm 煤粒的孔容至孔径 10 nm（对应压力 120 MPa）时开始升高。

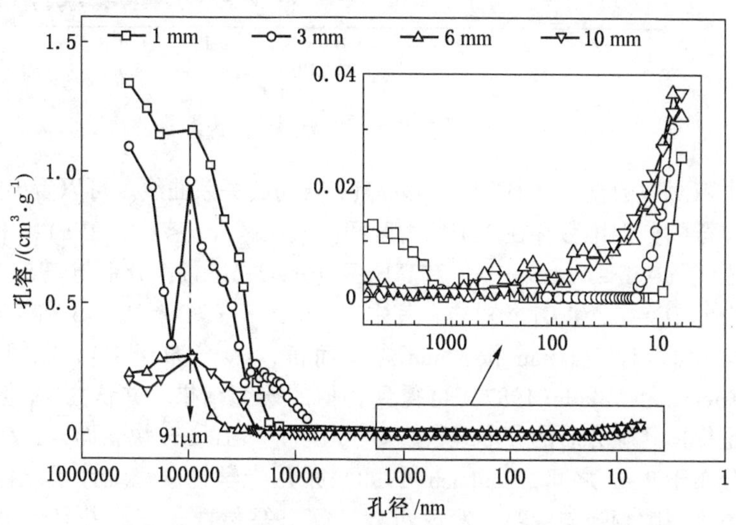

图 5-4　不同块度煤样孔容孔径分布曲线

为深入了解块度减小时煤样孔隙结构的变化，本书对 4 种尺度煤样的分形维数进行了计算。图 5-5 所示为 4 种块度煤样的两

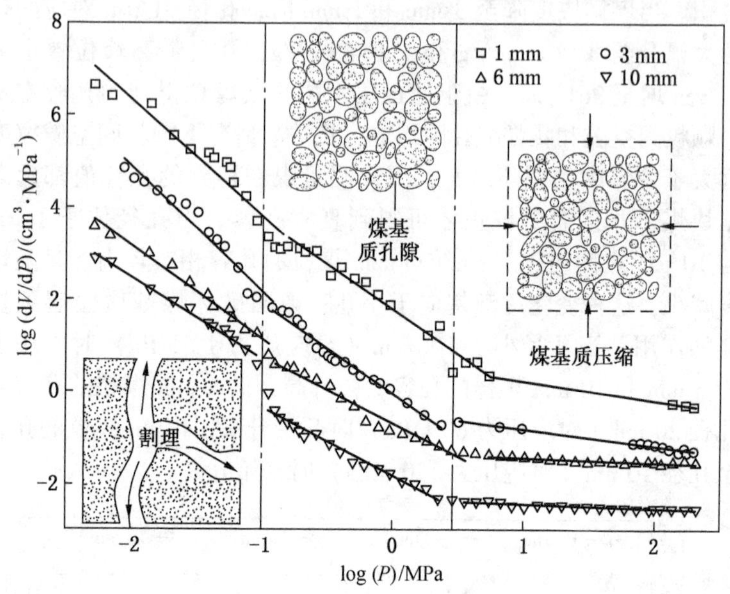

图 5-5 不同块度煤样分形维数曲线

个双对数数据 log(dV/dP) 和 log(P) 间的关系曲线。可以看出，煤样的分形维数存在 3 个压力区间：低压区（P<0.1 MPa）、中压区（0.1≤P<5 MPa）和高压区（P≥5 MPa），分别与表 5-2 中的 D_1、D_2 和 D_3 相对应，其中，$1<D_1<3$、$2<D_2<3$ 和 $3<D_3<4$。对于 1 mm 和 3 mm 煤粒而言，D_1 分布于 1~2 之间，Friesen 和 Mikula(1987) 也得到相似的研究结果，并认为 D_1 值是煤体孔隙介质的分形维数。对于 6 mm 和 10 mm 块煤而言，D_1 分布于 2~3 之间，Laubach(1998) 采用光学显微镜统计了煤体内生裂隙频数与壁距，发现两者之间呈幂指数规律，并且计算得到的分形维数分布于 2.74~2.82 之间。因此，对于块煤而言，低压区孔容的增加主要是由于汞进入煤裂隙系统，并且块度为 6 mm 和 10 mm 煤样的分形维数 D_1 值基本相同，说明两者裂隙系统较为相似，均为发育规整的内生裂隙（割理）。当煤样

尺度降至 3 mm 和 1 mm 时，孔容的增加主要是汞在煤粒间的填充所致；中压区孔容的增加主要是汞渗入煤基质的孔隙所致，并且随块度减小，分形维数 D_2 值有所降低，尤其是 3 mm 和 1 mm 煤粒，降幅较为明显，这是由于块度的减小简化了煤基质的孔隙结构；当压力高于 5 MPa 时，4 种块度煤样的分形维数 D_3 均大于 3，从几何角度考虑，这是不合理的，Zwietering 和 Krevelen (1954) 将其归结为煤基质受到汞压缩的缘故。另外，可以看出，6 mm 和 10 mm 煤样的分形维数基本相同。

图 5-6 所示为不同块度煤样在高压区（$P \geqslant 5$ MPa）时的压汞曲线。由图 5-7 可以看出，进汞量与压力呈线性关系，拟合得到的截距和斜率见表 5-2。其中，截距反映了煤样无压缩时的孔容，通过下式可计算得到压缩量 c。

$$c = \rho \times k \tag{5-5}$$

式中　ρ——煤样真密度，cm^3/g；

　　　k——斜率，$cm^3/(g \cdot MPa)$。

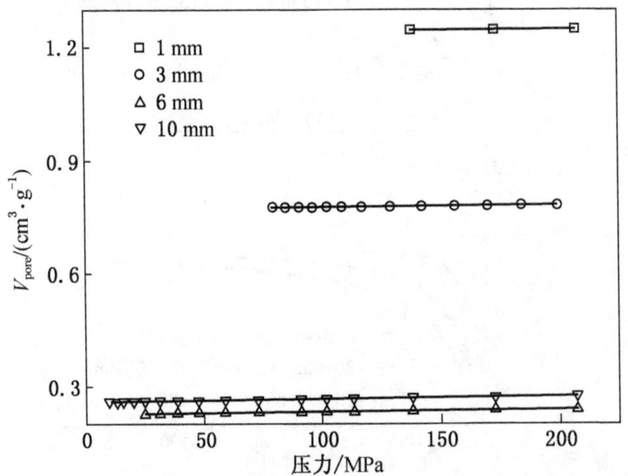

图 5-6　不同块度煤样在压力为 5~200 MPa 范围内的压汞曲线

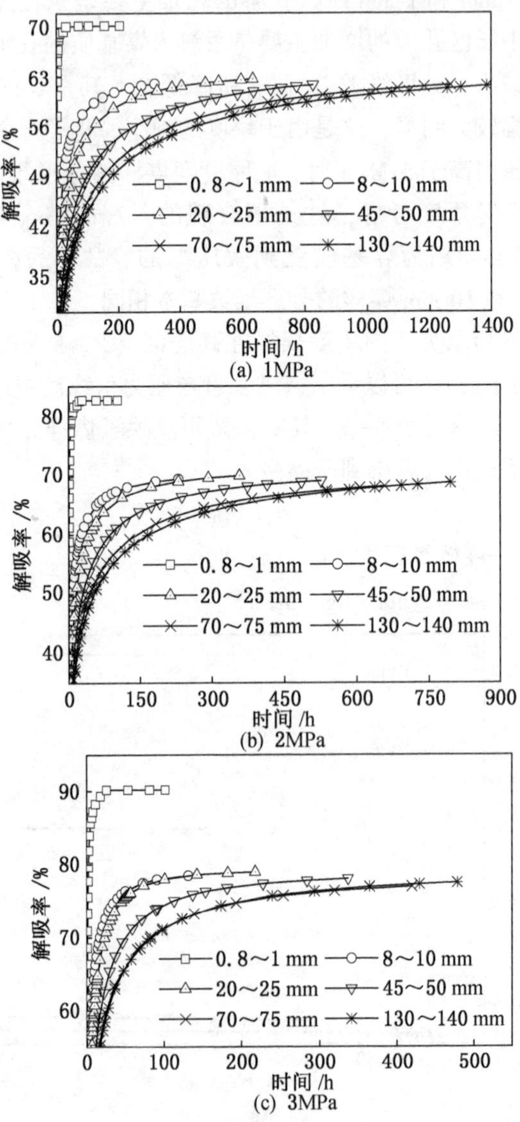

图 5-7　不同块度煤瓦斯解吸率随时间的变化曲线

可以看出，块度为 6 mm 和 10 mm 煤样的压缩压力阈值位于 8 MPa 附近，压缩量约为 12×10^{-11} m²/N，说明两种块度的煤基质尺寸基本相同。而 3 mm 煤粒的压缩压力阈值为 80 MPa，压缩量为 8.56×10^{-11} m²/N，1 mm 煤粒的压缩压力阈值为 130 MPa，压缩量为 4.71×10^{-11} m²/N，说明当煤样块度小于煤基质尺寸时，煤基质的结构受到严重破坏，改变了煤体的承载能力和压缩幅度。

表 5-2　不同块度煤样的分形维数与压缩量

块度/mm	分形维数			截距/（$cm^3\cdot g^{-1}$）	斜率/10^5（$cm^3\cdot g^{-1}\cdot MPa$）	压缩量/10^{11}（$m^2\cdot N^{-1}$）
	D_1	D_2	D_3			
1	1.46	2.08	3.47	1.240	3.10	4.71
3	1.27	2.15	3.56	0.771	5.63	8.56
6	2.18	2.58	3.89	0.225	7.93	12.05
10	2.22	2.53	3.91	0.259	8.26	12.56

不同块度煤样的孔隙结构参数结果见表 5-3。由表 5-3 可以看出，当块度大于煤基质尺寸为 5.66 mm×4.21 mm 时，煤样的割理孔容、裂口宽度、割理孔隙率、煤基质孔容、平均孔径和煤基质孔隙率等参数基本不变。当煤粒由 3 mm 降至 1 mm 时，煤基质孔容、平均孔径和孔隙率均明显增大。

表 5-3　不同块度煤样的孔隙结构参数结果

块度/mm	总进汞量[a]/（$mL\cdot g^{-1}$）	割理孔容/（$mL\cdot g^{-1}$）	割理壁距/μm	割理孔隙率/%	煤基质孔容[b]/（$mL\cdot g^{-1}$）	煤基质平均孔径/nm	煤基质孔隙率/%
1	1.2357	—	—	—	0.0051	1267	5.80
3	0.7670	—	—	—	0.0039	875	3.12
6	0.2233	0.2233	78.35	24.47	0.0025	598	0.36
10	0.2574	0.2574	72.00	27.17	0.0016	571	0.23

注：a 表示压力小于 0.1 MPa 时的进汞量；b 表示不包括压缩量时的煤基质孔容。

5.1.4 不同块度无烟煤瓦斯解吸时间和解吸率

本书采用解吸率来描述煤样的解吸动力学过程，可由下式进行计算。

$$\eta = \frac{V}{Q_e} \tag{5-6}$$

式中 η——解吸率,%；

V——煤瓦斯解吸量，L；

Q_e——煤样达到吸附平衡时的瓦斯量，L。

图 5-7 所示为在吸附平衡压力 1、2 和 3 MPa 下不同块度煤瓦斯解吸率随时间的变化曲线，对应的试验结果见表 5-4。可以看出：

（1）相同吸附平衡压力下，块度对煤瓦斯吸附平衡量基本没有影响，Moffat 和 Weale(1955）也曾观察到类似的现象。这是由于瓦斯吸附量主要受控于比表面积，无烟煤微孔较为发育，对比表面积影响较大，而煤样块度的减小基本不会对孔径小于 7.2 nm 的微小孔隙产生影响。图 5-8 所示为 6 种块度煤样的等温吸附特性曲线，可以看出，随吸附平衡压力的升高，同一块度煤样的瓦斯吸附量逐渐上升并趋于稳定。这是由于煤瓦斯吸附属于物理吸附，符合 Langmuir 单分子层吸附理论的缘故。

表 5-4 不同块度煤瓦斯吸附解吸试验结果（25 ℃）

块度/mm	质量/g	压力/MPa	饱和吸附量/L	解吸平衡时间/h	解吸量终值/L	解吸率终值/%
0.8~1	3000	1	82.91	31	58.24	70.24
	3000	2	101.67	23	85.20	83.81
	3000	3	107.12	18	96.61	90.18
8~10	3000	1	83.13	318	51.57	62.04
	3000	2	100.10	231	69.43	69.36
	3000	3	106.93	132	83.91	78.47

表 5-4 (续)

块度/mm	质量/g	压力/MPa	饱和吸附量/L	解吸平衡时间/h	解吸量终值/L	解吸率终值/%
20~25	3000	1	82.18	635	51.55	62.73
	3000	2	100.59	358	70.32	69.91
	3000	3	107.31	218	84.71	78.94
45~50	3000	1	82.05	827	50.78	61.89
	3000	2	100.53	526	69.39	69.03
	3000	3	106.62	337	83.18	78.02
70~75	3000	1	81.27	1268	50.29	61.88
	3000	2	99.32	658	67.67	68.14
	3000	3	105.72	419	81.38	76.98
130~140	3000	1	80.76	1475	50.06	61.95
	3000	2	98.80	796	67.87	68.69
	3000	3	105.83	479	82.01	77.48

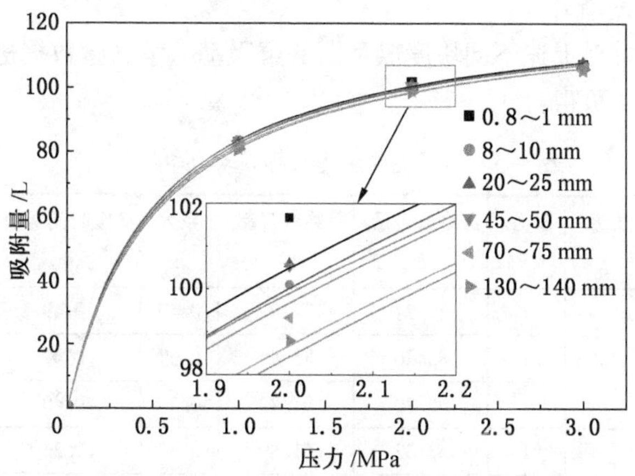

图 5-8 6 种块度煤瓦斯等温吸附特性曲线

（2）随着块度的增大，6 种块度煤样达到解吸平衡所需的时间不同，基本呈增大趋势。当吸附平衡压力为 1 MPa 时，0. 8~1 mm、20~25 mm 和 130~140 mm 煤样解吸达到平衡分别需要 31 h、635 h 和 1475 h；当吸附平衡压力为 2 MPa 时，0. 8~1 mm、20~25 mm 和 130~140 mm 煤样解吸达到平衡所需时间依次降至 23 h、358 h 和 796 h；当吸附平衡压力升至 3 MPa 时，它们解吸达到平衡依次需要 18 h、218 h 和 479 h。这说明吸附平衡压力的升高可以有效缩短煤瓦斯解吸时间，并且大块煤样表现更为明显。

（3）除 0. 8~1 mm 煤样外，随着时间的延长，其余块度煤瓦斯的解吸率逐渐趋于一致，并且随吸附平衡压力升高而增大。当吸附平衡压力为 1 MPa 时，煤样解吸率终值约为 51%；当吸附平衡压力为 2 MPa 时，煤样解吸率终值为 70%；当吸附平衡压力为 3 MPa 时，煤样解吸率终值增至 77%。这是由于这几种块度煤样的最终瓦斯残余吸附量（即大气压 0. 1 MPa 时的吸附量）相同，随着吸附压力的增大，瓦斯吸附量上升使得相对比值（解吸率）逐渐升高。

本书对上述不同块度煤瓦斯的解吸动力学试验数据进行非线性拟合，可得：

表 5-5　不同块度煤瓦斯解吸动力学拟合结果

块度/mm	质量/g	压力/MPa	最终解吸量/L	最终解吸率/%	系数 n	解吸时间常数/h	相关系数
0. 8~1	3000	1	58. 24	74. 09	0. 59	0. 49	0. 9607
		2	85. 20	85. 45	0. 57	0. 47	0. 9538
		3	95. 70	91. 99	0. 56	0. 40	0. 9550
8~10	3000	1	53. 32	61. 89	0. 37	7. 36	0. 9881
		2	69. 15	69. 03	0. 41	4. 86	0. 9854
		3	83. 03	77. 63	0. 37	2. 54	0. 9863

表 5-5（续）

块度/mm	质量/g	压力/MPa	最终解吸量/L	最终解吸率/%	系数 n	解吸时间常数/h	相关系数
20~25	3000	1	51.43	63.19	0.40	18.24	0.9934
		2	69.08	67.04	0.40	9.14	0.9911
		3	89.45	78.38	0.41	4.36	0.9937
45~50	3000	1	52.59	64.68	0.37	37.68	0.9894
		2	68.61	72.12	0.37	17.35	0.9873
		3	78.56	76.21	0.41	7.26	0.9935
70~75	3000	1	41.28	63.13	0.38	62.10	0.9893
		2	70.89	71.13	0.37	27.45	0.9838
		3	90.86	78.60	0.37	10.27	0.9949
130~140	3000	1	50.99	62.36	0.37	60.58	0.9913
		2	66.16	71.60	0.37	25.47	0.9951
		3	76.31	75.67	0.38	10.19	0.9821

$$Q_t = A\left\{1 - \exp\left[-\left(\frac{t}{t_0}\right)^n\right]\right\} \tag{5-7}$$

式中 Q_t——时间 t 时的累计瓦斯解吸量，L；

A——最终解吸量，L；

t_0——解吸时间常数，h；

n——常数。

不同块度煤瓦斯解吸动力学试验数据的拟合结果见表 5-5，可以看出，吸附平衡压力为 1 MPa、2 MPa 和 3 MPa 时，0.8~1 mm 煤样的 R^2 值均大于 0.95，其余块度煤样的 R^2 值均大于 0.98，表明式（5-7）的拟合效果较好。Airey(1968）在研究煤瓦斯放散过程时也得到相同的公式，并认为 n 值与煤体裂隙度有关。

图 5-9 所示为不同块度煤瓦斯解吸时间常数随块度的变化曲线，可以看出：

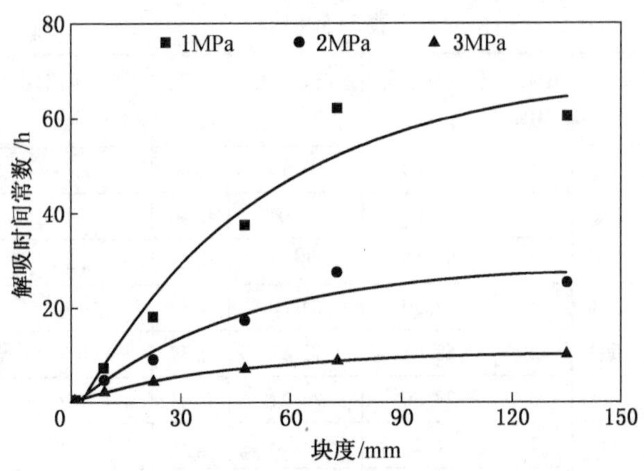

图 5-9 煤瓦斯解吸时间常数随块度的变化曲线

(1) 随着块度的增大，煤样解吸时间常数呈正指数规律上升，至 70~75 mm 时趋于稳定，这是由于块度的增大增加了瓦斯经煤基质内表面运移至煤体外表面的距离。Crosdale 等（1998）研究认为瓦斯的产出经历煤基质内表面解吸、微小孔隙中扩散和内外生裂隙中渗流 3 个过程。当煤体块度小于煤基质尺寸时，瓦斯在煤粒中的运移仅受扩散运动控制，运移时间与煤粒直径的平方根成正比；当块度大于煤基质尺寸时，瓦斯在煤体中的运移受扩散和渗流共同作用，并且由于气体在微小孔隙内的扩散阻力远大于大孔和裂隙中的渗流阻力，瓦斯运移时间主要受扩散运动控制，而煤基质尺寸限制了瓦斯扩散距离，因而瓦斯解吸时间随煤体块度的变化很小。本书中煤样的煤基质尺度小于 10 mm，按理说当煤体块度大于 10 mm 后，瓦斯解吸时间常数基本不变。但是试验结果表明当块度增至 75 mm 时，解吸时间常数才略微降低，这可能是由于煤体中的渗流通道（主要为割理）被矿物质填充而堵塞，增加了瓦斯扩散距离的缘故。

(2) 随吸附平衡压力升高，同一块度煤瓦斯解吸时间常数逐渐减小。如 0.8~1 mm 煤粒在吸附平衡压力 1 MPa、2 MPa 和

3 MPa 下的瓦斯解吸时间常数依次为 0.49 h、0.47 h 和 0.4 h；130~140 mm 煤样在吸附平衡压力 1 MPa、2 MPa 和 3 MPa 下的瓦斯解吸时间常数依次为 60.58 h、25.47 h 和 10.19 h。这是由于瓦斯压力的升高缩小了孔隙气体分子的平均自由程，增大了诺森数 K_n。根据气体在多孔介质中的扩散机理可知，诺森数 K_n 的增大，会使扩散方式由诺森扩散转化为过渡型扩散或 Fick 扩散，进而增强气体扩散能力，提高运移速率。Charrière（2010）在研究压力对煤粒中瓦斯的扩散性能影响时，也曾有类似的发现。

图 5-10 所示为不同块度煤瓦斯最终解吸率随块度的变化曲线。可以看出：

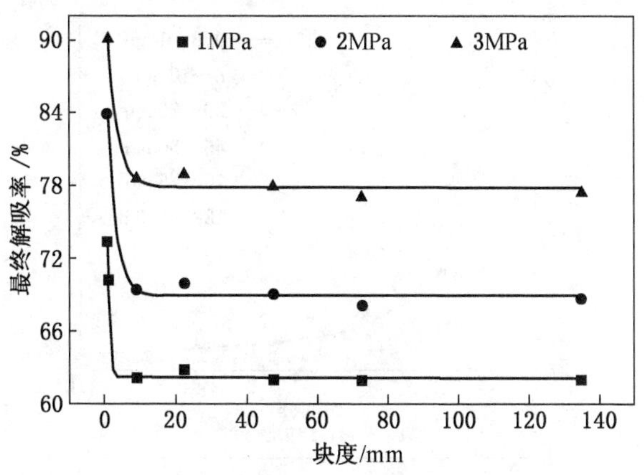

图 5-10　煤瓦斯最终解吸率随块度的变化曲线

（1）煤体块度小于 10 mm 时，随块度增大，煤瓦斯最终解吸率大幅降低。当吸附平衡压力为 1 MPa 时，最终解吸率由 74% 降至 62%；当吸附平衡压力为 2 MPa 时，最终解吸率由 85% 降至 70%；当吸附平衡压力增至 3 MPa 时，最终解吸率由 92% 降至 77%。煤体块度大于 10 mm 时，随着块度的增大，不同吸附平衡压力下的煤瓦斯最终解吸率降幅很小，可近似为一致。这是由于当煤体块度小于煤基质尺寸时，瓦斯解吸速率相对较高，这将在下一部分详细说明。根据热学中气体分子平均碰撞频率公式可知：

$$\bar{Z} = \sqrt{2}\,\pi d^2 \bar{v} n \tag{5-8}$$

式中 $\bar{Z}$——气体分子平均碰撞频率；

d——分子有效直径，m；

$\bar{v}$——气体分子平均速率，m/s；

n——单位体积内的气体分子数。

气体平均速率的增高会加快气体分子间的碰撞，从而为瓦斯脱离煤基质表面提供能量。

（2）随着吸附平衡压力的升高，同一块度煤瓦斯的最终解吸率上升。

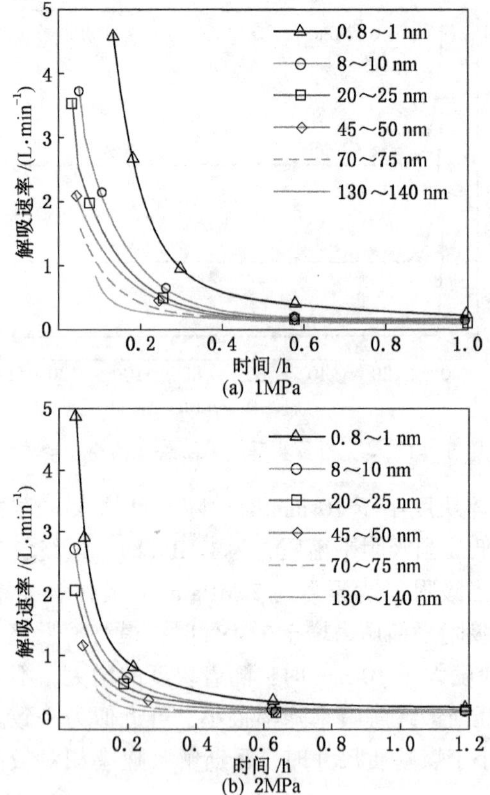

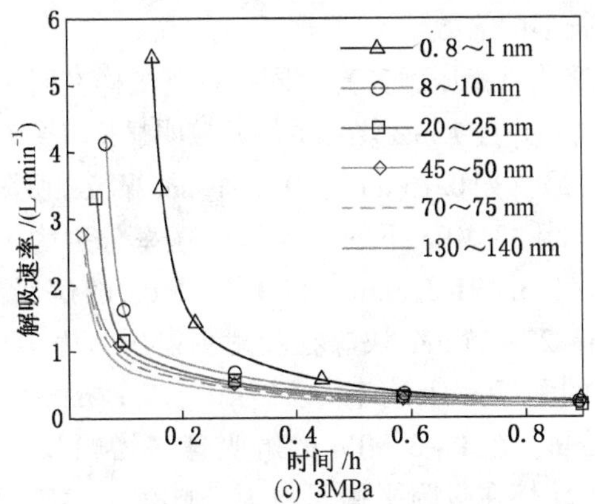

图 5-11　不同块度煤瓦斯解吸速率随时间的变化曲线

5.1.5　不同块度煤瓦斯解吸速率

图 5-11 所示为吸附平衡压力 1 MPa、2 MPa 和 3 MPa 时不同块度煤瓦斯解吸速率随时间的变化曲线，可以看出：

（1）随时间延长，不同块度煤瓦斯解吸速率逐渐降低，并趋于 0。

（2）随块度增大，同一时刻煤瓦斯解吸速率逐渐降低。如吸附平衡压力为 1 MPa 时，0. 8～1 mm 煤粒、20～25 mm 和 130～140 mm 块煤在 0. 15 h 时的瓦斯解吸速率分别为 1. 192 L/min、0. 677 L/min 和 0. 385 L/min，在 0. 8 h 时的瓦斯解吸速率分别为 0. 196 L/min、0. 106 L/min 和 0. 081 L/min，在 0. 15～0. 8 h 之间的解吸速率变化量分别为 0. 996 L/min、0. 571 L/min 和 0. 304 L/min；当吸附平衡压力为 3 MPa 时，0. 8～1 mm 煤粒、20～25 mm 和 130～140 mm 块煤在 0. 15 h 时的瓦斯解吸速率分别为 5. 491 L/min、0. 872 L/min 和 0. 665 L/min，在 0. 8 h 时的瓦斯解吸速率分别为 0. 278 L/min、0. 270 L/min 和 0. 168 L/min，在 0. 15～0. 8 h 之间的解吸速率变化量分别为 5. 213 L/min、0. 602 L/min 和 0. 497 L/min。但是，块度为 70～75 mm 煤样的解吸速率及其降幅小于 130～140 mm 煤样，这可能是由于 75 mm 煤样中的外生裂

隙数量相对较多的缘故。

（3）随吸附平衡压力升高，同一块度煤样在同一时刻的瓦斯解吸速率升高，并且 1 mm 煤粒的增幅较明显，其余块度煤样增幅较小且基本一致。如 0.15 h 时，0.8~1 mm 煤粒在吸附平衡压力为 1 MPa、2 MPa 和 3 MPa 下的瓦斯解吸速率分别为 1.192 L/min、2.246 L/min 和 5.491 L/min，在 1~3 MPa 的解吸速率增幅为 4.299 L/min；20~25 mm 块煤在吸附平衡压力为 1 MPa、2 MPa 和 3 MPa 下的瓦斯解吸速率分别为 0.677 L/min、0.776 L/min 和 0.872 L/min，在 1~3 MPa 的解吸速率增幅为 0.195 L/min；130~140 mm 块煤在吸附平衡压力为 1 MPa、2 MPa 和 3 MPa 下的瓦斯解吸速率分别为 0.385 L/min、0.613 L/min 和 0.665 L/min，在 1~3 MPa 的解吸速率增幅为 0.28 L/min。

研究发现，在其他条件一定时，煤从吸附平衡压力解除开始，其解吸速度随时间的变化可用下式表示。

$$V_t = V_a\left(\frac{t}{t_a}\right)^{-k_t} \tag{5-9}$$

式中 V_t、V_a——自吸附平衡压力解除后的时间 t 及 t_a 时的瓦斯解吸速率，$cm^3/min \cdot g$；

k_t——反映瓦斯解吸速率衰减程度的常数。

Winter 和 Janas(1996) 在研究煤瓦斯放散速率过程时也得到相同的公式，并令式 (5-9) 中的 $t=1$ min 时的 V_t 值为 V_1，则有下式：

$$V_1 = V_a t_a^{K_t} \tag{5-10}$$

对式 (5-10) 进行对数变换，即可得：

$$\ln V_a = -K_t \ln t_a + \ln V_1 \tag{5-11}$$

不同块度煤瓦斯解吸速率常数 K_t 和 V_1 的结果见表 5-6。可以看出，相对系数均大于 0.97，表明拟合效果较好。目前，国内外学者将 V_1 称为瓦斯解吸初速度，K_t 为瓦斯解吸速度衰减指数，可用于表示在吸附平衡压力解除后最初 1 min 内吸附在大孔、割理中的瓦斯量对于全部瓦斯解吸量的比例。

表 5-6 不同块度煤瓦斯解吸速率拟合结果

块度/mm	质量/g	压力/MPa	解吸速率衰减指数	初始解吸速率/($L \cdot min^{-1}$)	相关系数
0.8~1	3000	1	1.2941	23.87	0.9737
		2	1.3319	48.57	0.9807
		3	1.3333	51.60	0.9790
8~10	3000	1	0.9337	4.63	0.9921
		2	0.9389	6.76	0.9923
		3	0.9364	8.81	0.9882
20~25	3000	1	0.9224	4.56	0.9948
		2	0.9299	6.61	0.9897
		3	0.9239	8.29	0.9714
45~50	3000	1	0.9087	3.55	0.9939
		2	0.9024	5.03	0.9939
		3	0.9124	6.92	0.9872
70~75	3000	1	0.8813	2.16	0.9916
		2	0.8913	4.13	0.9978
		3	0.8770	5.82	0.9891
130~140	3000	1	0.8888	3.06	0.9957
		2	0.8973	4.40	0.9938
		3	0.8954	5.73	0.9932

图 5-12、图 5-13 所示分别为煤瓦斯解吸速度衰减指数 K_t 和解吸初速度 V_1 随块度的变化曲线。可以看出，当煤样块度由 1 mm 增大至 10 mm 时，瓦斯解吸速度衰减指数 K_t 和解吸初速度 V_1 均显著降低，但是当块度大于 10 mm 后，随块度增大，K_t 和 V_1 降幅较小。另外，随着瓦斯压力的增大，瓦斯解吸速度衰减

指数 K_t 基本不变，而解吸初速度逐渐增大。

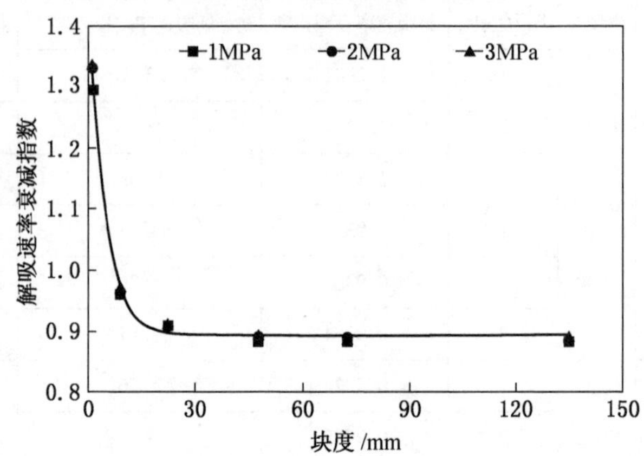

图 5-12　煤瓦斯解吸速度衰减指数随块度的变化曲线

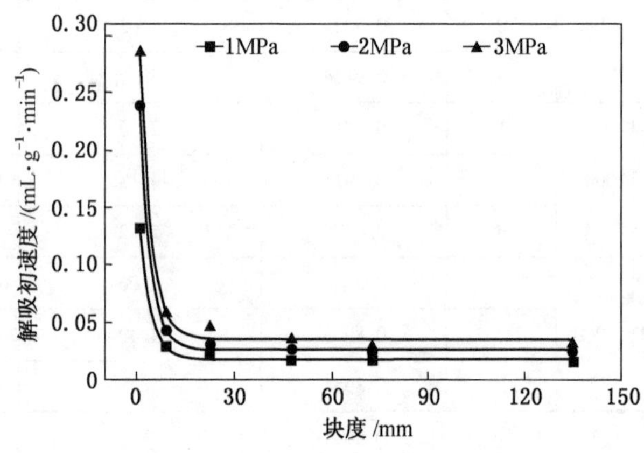

图 5-13　煤瓦斯解吸初速度随块度的变化曲线

图 5-14 所示为瓦斯在煤体中的运移模型，可以看出，当块度小于煤基质尺寸时，瓦斯在煤样中仅受扩散运动控制，块度越小，煤样平均孔径越大，瓦斯解吸初速度越快，解吸速度衰减指

数也较大，如图 5-14a 所示；当块度超过煤基质尺寸时，瓦斯由煤基质运移至渗流通道中时受到裂隙（割理）裂口宽度的束缚，因而解吸初速度和解吸速度衰减指数变化较小，如图 5-14b 所示。该模型也可以解释为什么煤与瓦斯突出多发生在构造煤中，尤其是糜棱煤。这是由于糜棱煤多由细小煤粒组成，压力突然释放时会在短时间放出大量瓦斯，加之煤体强度弱，容易发生突出事故，并且 Williams 和 Weissmann(1995) 研究发现气体解吸速率和压力差是煤与瓦斯突出中最重要的参数。

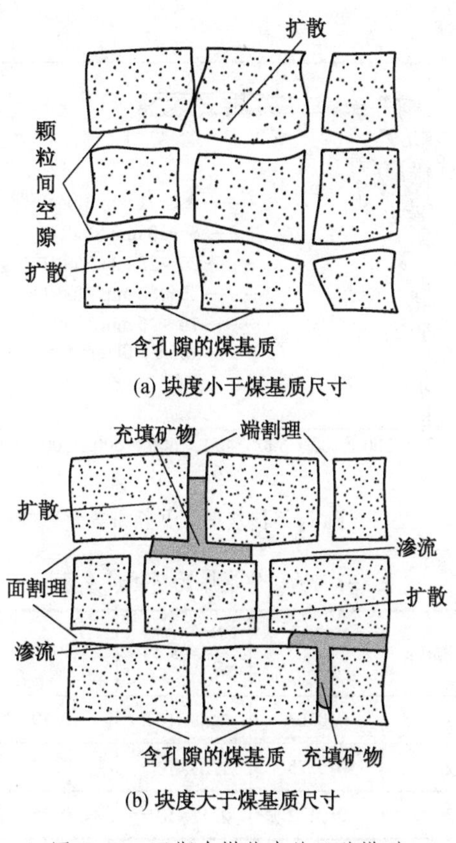

图 5-14　瓦斯在煤体中的运移模型

5.1.6 不同块度无烟煤瓦斯扩散系数

图 5-15 所示为压力 2 MPa 时不同块度煤瓦斯解吸速率的模拟曲线，其扩散系数见表 5-7。可以看出，相同压力时，随着块度的增大，两个扩散系数均呈下降趋势，并且当块度增至 10 mm 时，小孔扩散系数趋于稳定；当块度增至 25 mm 时，大孔扩散系数趋于稳定。对于同一块度煤样而言，扩散系数随压力的升高而增大，这与 Smith 和 Williams（1984a，1984b）的研究结果相同。另外，常数 β 值相对较小，说明无烟煤中的瓦斯吸附量主要集中在小孔中。

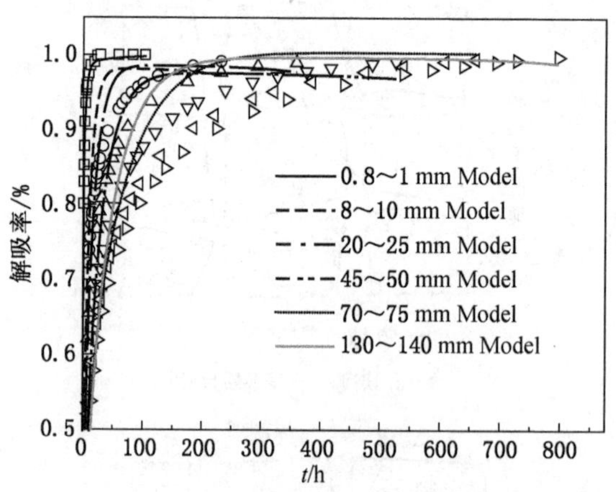

图 5-15 压力 2 MPa 时不同块度煤瓦斯解吸速率的模拟曲线

表 5-7 不同块度煤瓦斯扩散系数

块度/mm	压力/MPa	β	$\frac{D_i}{R_i^2}/(\mathrm{s}^{-1})$	$\frac{D_a}{R_a^2}/(\mathrm{s}^{-1})$	相关系数
0.8~1	1	0.0163	6.88×10^{-4}	0.19	0.9812
	2	0.0175	1.63×10^{-3}	0.32	0.9842
	3	0.0172	2.12×10^{-3}	0.36	0.9841

表 5-7（续）

块度/mm	压力/MPa	β	$\frac{D_i}{R_i^2}$/(s^{-1})	$\frac{D_a}{R_a^2}$/(s^{-1})	相关系数
8~10	1	2.81×10^{-3}	1.87×10^{-6}	0.011	0.9275
	2	1.62×10^{-3}	7.56×10^{-6}	0.016	0.9255
	3	2.86×10^{-3}	8.53×10^{-6}	0.025	0.9482
20~25	1	1.38×10^{-3}	2.71×10^{-6}	2.35×10^{-3}	0.9237
	2	1.17×10^{-3}	5.12×10^{-6}	6.61×10^{-3}	0.9435
	3	1.22×10^{-3}	7.46×10^{-6}	8.25×10^{-3}	0.9739
45~50	1	1.01×10^{-3}	2.28×10^{-6}	1.56×10^{-3}	0.9486
	2	2.02×10^{-3}	2.86×10^{-6}	3.73×10^{-3}	0.9524
	3	1.54×10^{-3}	4.96×10^{-6}	9.01×10^{-3}	0.9609
70~75	1	1.16×10^{-3}	1.14×10^{-6}	1.08×10^{-3}	0.9283
	2	1.46×10^{-3}	1.63×10^{-6}	1.62×10^{-3}	0.9756
	3	1.52×10^{-3}	2.21×10^{-6}	4.93×10^{-3}	0.8706
130~140	1	2.72×10^{-4}	1.09×10^{-6}	1.10×10^{-3}	0.9510
	2	2.29×10^{-4}	2.96×10^{-6}	2.27×10^{-3}	0.9430
	3	9.51×10^{-4}	3.43×10^{-6}	6.41×10^{-3}	0.9395

为了更清晰地说明块度对瓦斯扩散系数的影响，对同一块度煤样在 3 个吸附压力下的扩散系数求平均，并绘制平均小孔扩散系数和平均大孔扩散系数随块度的变化曲线（图 5-17、图 5-18）。由图 5-16、图 5-17 可以看出，块度对煤瓦斯扩散系数有显著影响，当煤样块度由 1 mm 增至 10 mm 时，平均小孔扩散系数由 1.38×10^{-3} s^{-1}降至 5.99×10^{-6} s^{-1}；当块度由 1 mm 增至 25 mm 时，平均大孔扩散系数由 0.29 s^{-1}降至 5.74×10^{-3} s^{-1}，这表明块度对不同孔径孔隙中的气体扩散的影响是不同的，并且还反映出随着块度的减小，煤体中的大孔首先受到扰动。

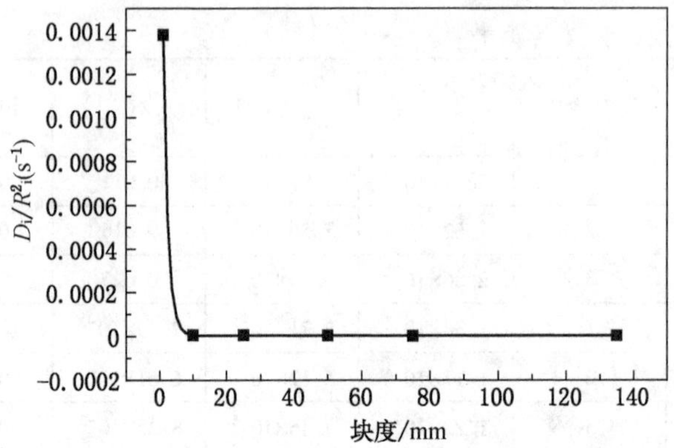

图 5-16 煤样平均小孔扩散系数随块度的变化曲线

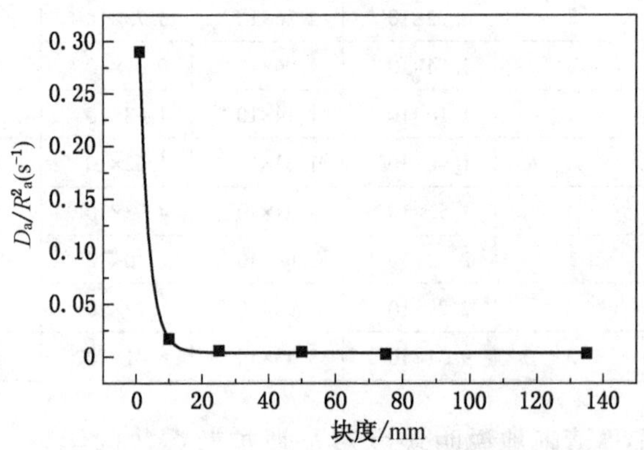

图 5-17 煤样平均大孔扩散系数随块度的变化曲线

由表 5-7 中的数据可知，除 0.8~1 mm 煤粒外，其余煤样的相关系数较小，说明双孔隙扩散模型不能很好地拟合这些煤样的解吸速率。这是由于块煤中存在割理或裂隙等通道，气体在这些通道内的运移主要受渗透率控制，即应该符合达西定律，而不是扩散定律。

5.2 电化学强化煤瓦斯解吸试验装置的研制

5.2.1 试验装置的系统组成与结构

图 5-18 所示为自主研制的电化学强化煤瓦斯解吸试验装置。

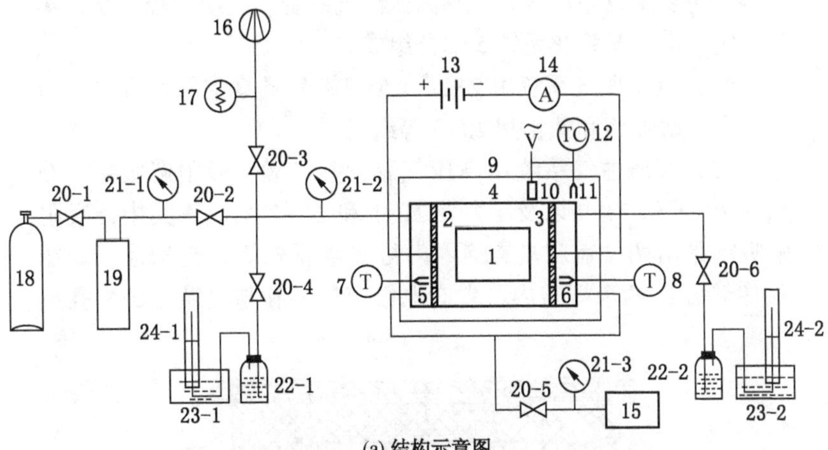

(a) 结构示意图

(b) 实物照片

1—煤样；2—多孔阳极电极板；3—多孔阴极电极板；4—吸附解吸罐；5—阳极温度传感器；6—阴极温度传感器；7—阳极温度数显表；8—阴极温度数显表；9—水浴；10—加热器；11—水浴温度传感器；12—温控仪；13—直流电源；14—电流表；15—恒压恒流注液泵；16—真空泵；17—真空压力表；18—高压气瓶；19—参考罐；20—截止阀；21—压力表；22—集液瓶；23—水槽；24—集气量筒

图 5-18 电化学强化煤瓦斯解吸试验装置

该装置主要由真空脱气系统、高压注气系统、温度测控系统、集气系统和电化学强化系统 5 部分组成。

（1）真空脱气系统由 2XZ-0.5 型旋片式真空泵、真空压力表、吸附解吸罐和截止阀 20-3 等组成。

（2）高压注气系统由高压气瓶、参考罐、吸附解吸罐、截止阀 20-1 和 20-2 以及压力表 21-1 和 21-2 组成。其中，吸附解吸罐是由两端盖和具有绝缘内衬的金属外筒密封构成，如图 5-19 所示。两个端盖内设置有电极定位环和与之贴合的多孔电

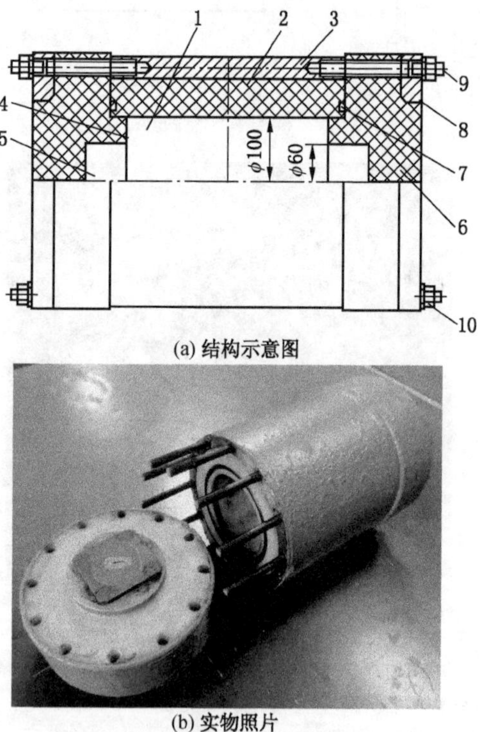

(a) 结构示意图

(b) 实物照片

1—吸附解吸室；2—绝缘内衬筒；3—外围钢筒；4—电极定位环；5—电解液腔；6—绝缘端盖；7—O 形密封圈；8—法兰；9—双头螺柱；10—螺母

图 5-19　吸附解吸罐

极板，电极定位环的轴心空间为电解液腔，两多孔电极板之间为吸附解吸室，电解液腔的容积是吸附解吸室容积的1/10。

（3）温度测控系统由水浴、加热棒、温度传感器、温控仪和温度传感器5与6、温度数显表7与8等组成。

（4）集气系统由集气量筒、水槽、集液瓶以及截止阀20-4和20-6等组成。

（5）电化学强化系统由DH1722A-4型单路稳压稳流电源、电流表、多孔阳极电极板、多孔阴极电极板、TBP-5010t恒压恒流注液泵、压力表21-3和截止阀20-5等组成。

5.2.2 主要性能参数

（1）真空度：＜100 Pa；

（2）最大气体压力：10 MPa；

（3）温度范围：室温~100 ℃；

（4）试样最大尺寸：直径100 mm，长150 mm；

（5）集气量筒容积：1 L；集液瓶容积：1 L；

（6）电极材质：石墨、紫铜、铝或不锈钢等；

（7）电压范围：0~250 V；电流范围：0~1.2 A；注液泵压力范围：0~10 MPa；注液泵流量范围：0.1~50 mL/min；电解液类型：酸、碱或盐类；电解液浓度最高至溶液饱和。

5.2.3 主要功能

（1）0~150 mm不同块度煤样在20~100 ℃不同温度和0.1~10 MPa不同吸附平衡压力下的瓦斯吸附解吸试验。

（2）0~150 mm不同块度煤样在0.1~10 MPa不同吸附平衡压力下的电化学强化煤瓦斯解吸试验。

5.3 电化学作用过程中煤瓦斯解吸特性的试验研究

5.3.1 试验原理

采用高压容量法测定煤对瓦斯的吸附量，当瓦斯吸附至平衡时等压注入电解液，施加电场的同时开始在常压（0.1 MPa）下进行解吸，通过排水集气法测试瓦斯解吸量。

5.3.2 试样

使用岩石钻芯机、切割机与打磨机将大块煤加工为直径 100 mm、高 120 mm 的圆柱状煤样，共 18 个。试验气体为纯度 99.99%高纯甲烷气。

5.3.3 试验方案

本次试验选择 pH 值（电解液酸碱度）、电解液浓度和电位梯度等 3 个参数作为电化学强化煤瓦斯解吸的影响因素，对每个因素确定 4 个水平，组成 3 因素 4 水平方案，见表 5-8。采用正交实验方法设计出表 5-9 中的 16 个试验方案。试验中的电解液为 Na_2SO_4 溶液，其 pH 值采用 H_2SO_4 和 NaOH 调节，并通过 pH 计测量；试验中的吸附平衡压力为 1 MPa，环境温度为 25 ℃。另外，为对比分析电化学作用效果，对煤样进行自然解吸和等压注水解吸试验。

表 5-8 试验因素与水平

水平	pH 值	电解液浓度/($mol \cdot L^{-1}$)	电位梯度/($V \cdot cm^{-1}$)
Ⅰ	3	0.05	0.5
Ⅱ	7	0.1	1
Ⅲ	9	0.25	2
Ⅳ	12	0.5	4

表 5-9 试验方案

序号	pH 值	电解液浓度/($mol \cdot L^{-1}$)	电位梯度/($V \cdot cm^{-1}$)
1	3	0.05	0.5
2	3	0.1	1
3	3	0.25	2
4	3	0.5	4

表 5-9（续）

序号	pH 值	电解液浓度/(mol · L^{-1})	电位梯度/(V · cm^{-1})
5	7	0.05	1
6	7	0.1	0.5
7	7	0.25	4
8	7	0.5	2
9	9	0.05	2
10	9	0.1	4
11	9	0.25	0.5
12	9	0.5	1
13	12	0.05	4
14	12	0.1	2
15	12	0.25	1
16	12	0.5	0.5

5.3.4 试验过程

（1）装样。在圆柱状煤样侧面均匀涂抹密封胶；将煤样装入吸附解吸室，保证密封胶完全填充煤样与吸附解吸罐内衬之间的空隙；待密封胶凝固后，在煤样两侧分别固定阳极电极板和阴极电极板，用导线将电极板与端盖接线柱连接；安装吸附解吸罐并将其置入恒温水浴。

（2）真空脱气。根据《煤的甲烷吸附量测定方法》（MT/T 752—1997）恒温水浴 60 ℃启动真空泵，至装置真空度达到 -0.097 MPa 时维持 24 h。脱气过程中记录真空度。

（3）吸附。设定水浴温度为 25 ℃，开启高压气瓶和参考罐阀门，向吸附解吸罐充入瓦斯，待罐内压力达到 1 MPa 时，立即关闭吸附解吸罐阀门。由于煤样的吸附作用，吸附解吸罐内的压力会降低，继续充气至原设定压力（1 MPa），如此反复至吸附平衡。试验过程中记录参考罐压力和吸附解吸罐压力，根据式

(5-12)~式(5-14)计算煤样的吸附量。

$$Q_t = \left(\frac{P_1}{Z_1} - \frac{P_2}{Z_2}\right)\frac{273.2V_1}{(273.2 + t_1) \times 0.101325} \tag{5-12}$$

$$Q_f = \frac{273.2V_2P_0}{Z(273.2 + t_2) \times 0.101325} \tag{5-13}$$

$$Q_a = Q_t - Q_f \tag{5-14}$$

式中 Q_t、Q_f、Q_a——充入吸附罐的瓦斯量、吸附解吸罐内的游离瓦斯量和煤样吸附瓦斯量，cm^3；

P_1、P_2、P_0——充气前后参考罐内的压力以及吸附解吸罐内的压力，MPa；

t_1、t_2——水浴温度和吸附解吸罐内的温度，本实验中 t_1 为 25 ℃；

V_1、V_2——参考罐容积和吸附解吸罐内除煤以外的容积，cm^3；

Z_1、Z_2、Z——压力 P_1 和温度 t_1、压力 P_2 和温度 t_1 以及压力 P_0 和温度 t_2 时的瓦斯压缩系数。

(4) 等压注入水或电解液。调节注液泵的压力与吸附解吸室内瓦斯压力（1 MPa）相同，设定流速，将水或配制好的电解液从吸附解吸罐两端盖下侧注入，注液过程中控制罐内压力，待上侧出口有液体排出时停止注液。自然解吸试验无此步。

(5) 解吸。对于自然解吸和等压注水解吸试验，直接打开截止阀在常压（0.1 MPa）下解吸，采用排水集气法收集瓦斯并记录其体积，当连续 7 d 平均解吸量≤5 mL/d 时结束解吸测定。对于电化学强化煤瓦斯解吸试验，需设定电位梯度，接通直流电源，同时打开截止阀在常压（0.1 MPa）下解吸，采用集气量筒和集液瓶分别收集吸附解吸罐两侧排出的气体和液体，用注射器和集气袋取出集气量筒中的气体通过气相色谱仪进行成分分析，根据气体成分比例计算吸附解吸罐两侧逸出的瓦斯量。另外，记录两侧电解液腔内的温度。当连续 7 d 平均解吸量≤5 mL/d 并且吸附解吸罐内的电解液消耗完时，结束解吸测定。本书采用解吸率描述煤样的解吸过程，由下式进行计算。

$$\eta = \frac{Q_t}{Q_a} \tag{5-15}$$

式中　η——解吸率,%；

Q_t——时间 t 时的瓦斯解吸量，cm^3。

5.3.5　试验结果及其分析

1. 自然解吸与等压注水解吸过程中解吸率随时间的变化

图 5-20 所示为煤样自然解吸与等压注水解吸时的瓦斯解吸率随时间的变化曲线。由图 5-20 可知，随着时间的延长，瓦斯解吸率逐渐升高并趋于稳定，且等压注水时的解吸率相对较低。自然解吸时的瓦斯解吸率终值为 54.36%，等压注水解吸时的瓦斯解吸率终值降至 43.05%，这是由于水进入含瓦斯的煤样后会对瓦斯渗流通道产生封堵，即水锁作用。

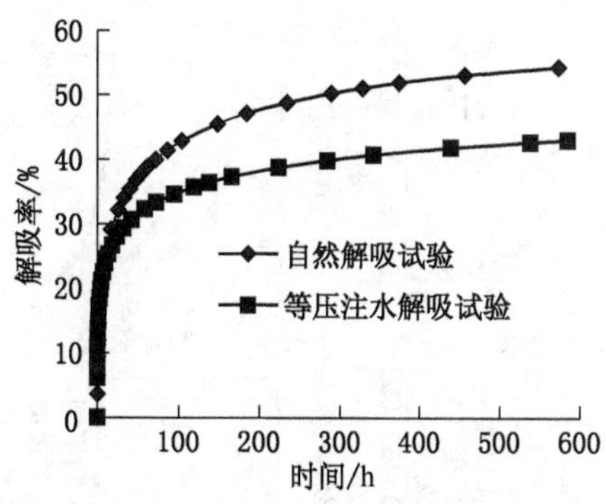

图 5-20　自然解吸与等压注水解吸时的瓦斯解吸率随时间的变化曲线

2. 电化学作用过程中煤瓦斯的解吸率随时间的变化

图 5-21 所示为 16 个试验方案瓦斯解吸率随时间的变化曲线，其试验结果统计见表 5-10。由图 5-21 和表 5-10 可知，曲线具有如下特征：

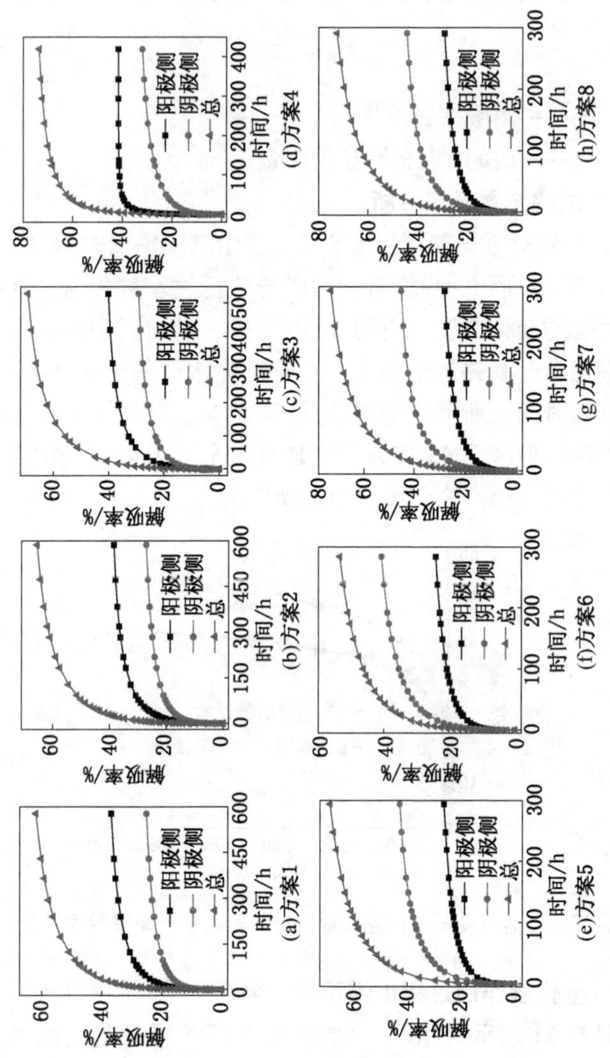
解吸率/%
时间/h
阳极侧
阴极侧
总
(a)方案1
(b)方案2
(c)方案3
(d)方案4
(e)方案5
(f)方案6
(g)方案7
(h)方案8

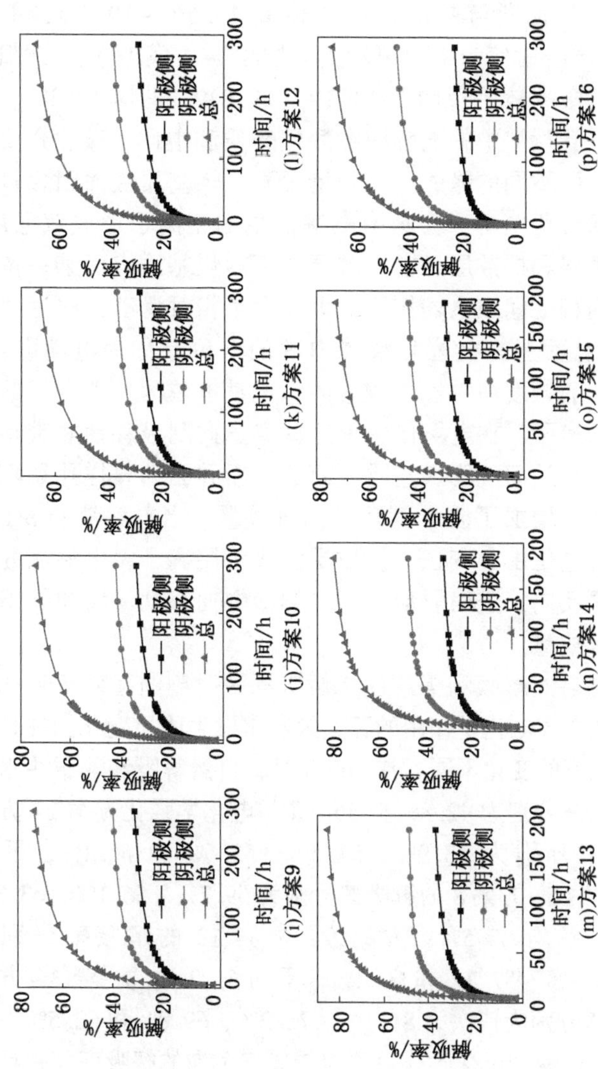

图5-21 16个方案电化学作用过程中瓦斯解吸率随时间的变化曲线

(1) 随着时间的延长，煤样阳极侧、阴极侧和总的瓦斯解吸率逐渐升高并趋于稳定，并且当 pH 值为 3（方案 1~方案 4）时，阳极侧的瓦斯解吸率较阴极侧高 16.6%~19.8%，平均 18.4%；而当 pH 值为 7、9 和 12（方案 5~方案 16）时，阳极侧的瓦斯解吸率较阴极侧低 13.2%~29.8%，平均 19.2%。这是由于煤样孔裂隙中的电解液在酸性介质和中性、碱性介质中的电渗流方向不同的缘故。一般情况下，煤基质表面因含氧官能团较多而带负电荷，会吸附电解液中的正离子形成双电层，即电荷紧密层和扩散层。在扩散层内距离煤基质表面某一位置处，固液两相之间在电场作用下可以发生相对滑动，称为“滑移面”。滑移面上的电位与液体内部的电位差称为电动电位。当电解液的酸碱度为中性或碱性时，电动电位为负值，扩散层内多吸附阳离子，在电场作用下这些离子向阴极移动并带动附近的水分子，从而洗刷煤基质表面的瓦斯并驱动煤样孔裂隙中的瓦斯运移，增加了阴极侧瓦斯的排放量。当电解液的 pH 较低时，电动电位由负变正，扩散层内多为阴离子，电渗流的流动方向发生反向，进而驱动瓦斯向阳极方向移动，增加了阳极侧的瓦斯排放量。

(2) 与自然解吸和等压注水解吸同一时刻的瓦斯解吸率相比，经不同方案电化学作用的瓦斯解吸率发生明显变化，并且不同方案解吸率的变化不同。在 100 h 时，自然解吸和等压注水解吸时的解吸率分别为 42.8% 和 35.2%，电化学强化方案 1~方案 4 的解吸率分别为 48.9%、51.5%、55.5% 和 66.4%，平均 55.6%；方案 5~方案 8 的解吸率分别为 59.7%、56.1%、63.3% 和 62.9%，平均 60.5%；方案 9~方案 12 的解吸率分别为 61.8%、65.8%、57.7% 和 60.1%，平均 61.3%；方案 13~方案 16 的解吸率分别为依次为 81.1%、76.2%、69.8% 和 62.5%，平均 72.4%。这说明电化学作用可以提高煤瓦斯的解吸率，并且在碱性溶液中的增幅较高。

表5-10 试 验 结 果

试验名称	方案	饱和吸附量/L	阳极侧解吸量终值/L	阴极侧解吸量终值/L	总解吸量终值/L	总解吸率终值/%	解吸时间/h
自然解吸	—	38.84	10.55	10.56	21.11	54.36	573
等压注水解吸	—	39.21	8.44	8.44	16.88	43.05	585
电化学强化解吸	1	39.38	14.54	9.75	24.29	61.69	570
	2	39.73	15.14	10.67	25.81	64.98	568
	3	38.28	15.81	10.58	26.39	68.93	529
	4	38.88	16.36	11.7	28.06	72.17	419
	5	39.24	10.17	16.69	26.86	68.45	294
	6	38.89	9.32	15.69	25.01	64.3	283
	7	38.63	10.84	17.12	27.96	72.36	276
	8	39.16	11.09	15.29	26.38	67.36	291
	9	39.58	12.09	15.76	27.85	70.36	274
	10	40.43	12.69	17.01	29.7	73.44	268
	11	39.44	11.06	14.64	25.7	65.17	293
	12	40.29	11.49	15.74	27.23	67.58	284
	13	40.12	14.18	19.58	33.76	84.16	184
	14	39.43	12.57	18.79	31.36	79.53	190
	15	38.90	11.54	17.16	28.7	73.78	197
	16	38.47	9.38	17.33	26.71	69.43	284

对上述煤瓦斯的解吸数据进行非线性拟合，得

$$Q_{\mathrm{t}} = A\left[1 - \exp\left\{-\left(\frac{t}{t_0}\right)^n\right\}\right] \tag{5-16}$$

式中 A——最终解吸量，L；

t_0——解吸时间常数，h，表示解吸达到最终解吸量的0.632倍时所需要的时间；

n——常数。

表 5-11 为煤瓦斯解吸试验数据的拟合结果，按照各因素不同水平对表 5-11 拟合结果进行分组，见表 5-12。

表 5-11 煤瓦斯解吸试验数据的拟合结果

试验名称	方案	最终解吸量/L	最终解吸率/%	系数 n	解吸时间常数/h	相关系数
自然解吸	—	24.02	61.84	0.340	63.58	0.9831
等压注水解吸	—	20.80	53.05	0.250	75.40	0.9906
电化学强化解吸	1	27.01	68.6	0.355	52.32	0.9748
	2	27.99	70.46	0.381	45.95	0.9571
	3	28.46	74.34	0.399	44.41	0.9782
	4	29.60	76.14	0.369	37.53	0.9945
	5	30.80	78.49	0.379	39.5	0.9803
	6	29.27	75.26	0.359	42.22	0.9745
	7	31.26	80.92	0.407	34.64	0.9883
	8	30.15	76.98	0.388	38.38	0.9937
	9	30.45	76.94	0.423	29.30	0.9893
	10	32.01	79.18	0.421	25.78	0.9914
	11	29.11	73.81	0.388	38.42	0.9783
	12	30.54	75.8	0.398	35.33	0.9758
	13	35.01	87.26	0.471	11.38	0.9874
	14	33.11	83.96	0.452	14.73	0.9867
	15	31.26	80.37	0.369	13.82	0.9922
	16	29.82	77.51	0.368	26.57	0.9894

表 5-12 各因素不同水平最终解吸率和解吸时间常数的计算结果

水平	最终解吸率/%			解吸时间常数/h		
	pH 值	电解液浓度/(mol · L^{-1})	电位梯度/(V · cm^{-1})	pH 值	电解液浓度/(mol · L^{-1})	电位梯度/(V · cm^{-1})
Ⅰ	72.49	77.82	73.80	45.05	33.13	39.88
Ⅱ	77.91	77.22	76.28	38.69	32.17	33.65
Ⅲ	76.43	77.36	78.06	32.21	32.82	31.71
Ⅳ	82.28	76.61	80.88	16.63	34.45	27.33

3. pH 值对煤瓦斯最终解吸率和解吸时间常数的影响

图 5-22 所示为煤瓦斯最终解吸率和解吸时间常数随 pH 值的变化曲线。可以看出，随着 pH 值的升高，煤瓦斯最终解吸率呈上升趋势，解吸时间常数明显下降。当 pH 值升至 12 时，最终解吸率由自然解吸时的 61.84% 增至 82.28%，增量 21.44%；解吸时间常数由 63.58 h 降至 16.63 h，解吸时间缩短了 3/4。其原因为，电解液的 pH 越高，煤基质表面双电层内的电动电位越大，电解液电渗能力和电渗速率越强，从而提高了驱替瓦斯的能力。

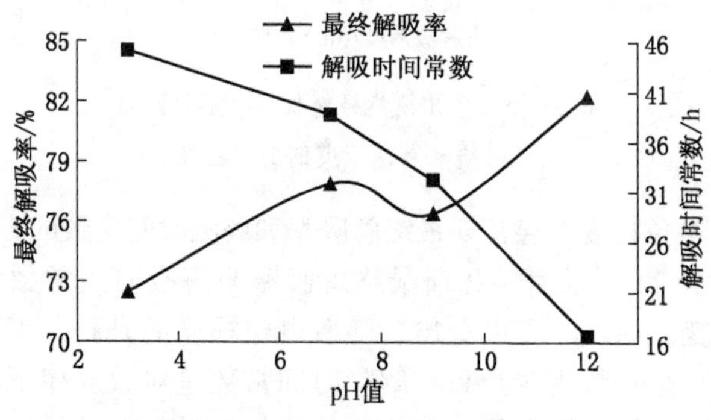

图 5-22 煤瓦斯最终解吸率和解吸时间常数随 pH 值的变化曲线

4. 电解液浓度对煤瓦斯最终解吸率和解吸时间常数的影响

图 5-23 所示为煤瓦斯最终解吸率与解吸时间常数随电解液浓度的变化曲线。可以看出，随着电解液浓度的升高，煤瓦斯最终解吸率略微下降，解吸时间常数呈先下降后升高的 U 形变化趋势，在电解液浓度为 0.1 mol/L 时达到低点。这是由于电解液浓度的升高有以下两方面作用：一方面提高了溶液的导电能力，即加快了离子及其拖拽水的运移速率；另一方面压缩了煤基质表面的双电层厚度，扩展双电层内的可动阳离子进入不可动 Stern 层，进而减小了电动电位，降低了电解液的电渗能力。这两方面的共同作用决定了电解液的电渗速率，进而影响瓦斯运移速率。

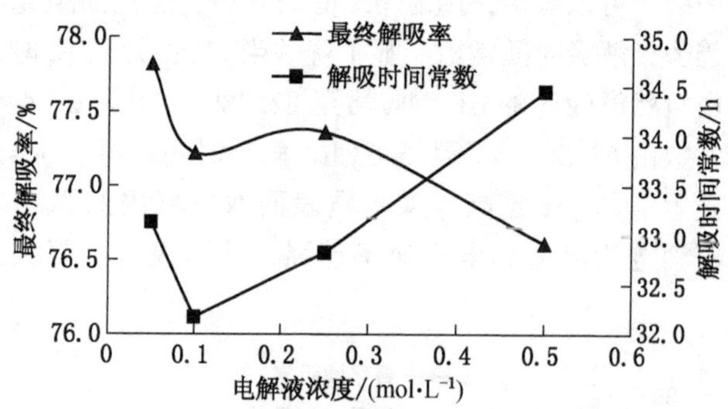

图 5-23　煤瓦斯最终解吸率与解吸时间常数随电解液浓度的变化曲线

5. 电位梯度对煤瓦斯最终解吸率和解吸时间常数的影响

图 5-24 所示为煤瓦斯最终解吸率与解吸时间常数随电位梯度的变化曲线。可以看出，随着电位梯度的升高，煤瓦斯最终解吸率呈对数规律升高，解吸时间常数呈对数规律下降，这是由于电位梯度增大了电渗速率的缘故。对数据进行拟合可得下式：

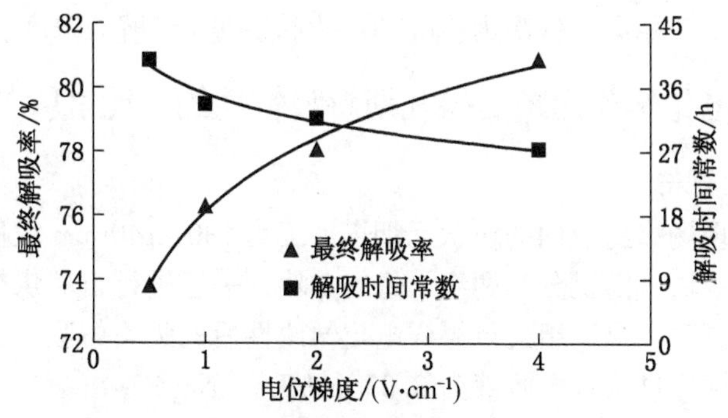

图 5-24 煤瓦斯最终解吸率与解吸时间常数随电位梯度的变化曲线

最终解吸率：

$$\eta_{max} = 3.32\ln P + 76.1 \tag{5-17}$$

解吸时间常数：

$$t_0 = -5.712\ln P + 35.12 \tag{5-18}$$

式中 P——电位梯度，V/cm。

6. 3 个因素对煤瓦斯最终解吸率和解吸时间常数影响程度的主次排序

运用极差分析方法分析表 5-12 中的计算结果，可得 pH 值、电解液浓度和电位梯度等 3 个因素对最终解吸率和解吸时间常数影响的极差值 R：

pH 值：

$R_{rpH} = 82.28\% - 72.49\% = 9.79\%$　　$R_{tpH} = 45.05\ \text{h} - 16.63\ \text{h} = 28.42\ \text{h}$

电解液浓度 C：

$R_{rc} = 77.82\% - 76.61\% = 1.21\%$　　$R_{tc} = 34.45\ \text{h} - 32.17\ \text{h} = 2.28\ \text{h}$

电位梯度 P：

$R_{rp} = 80.88\% - 73.8\% = 7.08\%$　　$R_{tp} = 39.88\ \text{h} - 27.33\ \text{h} = 12.55\ \text{h}$

根据 3 个因素的极差值大小可知，pH 值、电解液浓度和电位梯度等 3 个因素对煤瓦斯最终解吸率和解吸时间常数影响程度的主次排序相同，依次为：pH 值>电位梯度>电解液浓度。

5.4 电化学作用前后煤瓦斯解吸特性的对比试验与分析

5.4.1 试样

将现场蜡封取回的块状无烟煤加工为 130~140 mm 块度的煤样，共 6 块，随机分为两组，每组 3 块，一组进行自然煤样的吸附解吸试验，另一组进行煤样电化学改性后的吸附解吸试验。电化学改性条件为：电解液为 0.05 mol/L 的 Na_2SO_4 溶液，电极为边长 100 mm、厚 5 mm 的正方形石墨板，电位梯度为 4 V/cm，作用时间为 120 h。改性完成后，取出煤样并用蒸馏水清洗表面附着的电解质。然后置入 105~110 ℃真空干燥箱烘烤至恒重。

5.4.2 试验过程

采用图 5-19 自主研发的试验装置对改性前后煤样进行不同吸附平衡压力下的解吸动力学试验，吸附平衡压力共有 1 MPa、2 MPa、3 MPa 和 4 MPa 4 个等级。具体步骤如下：

（1）将煤样装入吸附罐，恒温水浴 60 ℃对装置脱气，至真空度达到-0.097 MPa 时保持 3 d。

（2）调节水浴温度为 25 ℃，向吸附罐充入瓦斯进行恒温恒压（25 ℃，1 MPa）吸附。

（3）吸附压力变化小于 0.001 MPa/d 时，进行常压（0.1 MPa）解吸，采用量筒收集气体，当连续 7 d 平均解吸量≤5 mL/d 时，结束解吸测定。

（4）改变吸附平衡压力（依次为 25 ℃，2 MPa；25 ℃，3 MPa；25 ℃，4 MPa），重复上述步骤。

5.4.3 试验结果及其分析

电化学改性前后煤瓦斯解吸率随时间的变化曲线如图 5-25 所示，其试验数据见表 5-13。可以看出，改性煤样达到解吸平衡所需要的时间远小于自然煤样；随着吸附平衡压力的升高，改性前后煤样的解吸平衡时间呈下降趋势，并且它们之间的差值也逐渐减小。当吸附平衡压力为 1 MPa 时，自然煤样解吸时间增加至 1475 h 仍未达到平衡，而改性煤样在 479 h 时平衡基本已经完成，两者相差 996 h；当吸附平衡压力升高至 2 MPa 时，自然煤样解吸平衡时间降至 986 h，而改性煤样降至 315 h，两者差值为 671 h；当吸附平衡压力增至 4 MPa 时，自然煤样解吸平衡时间为 419 h，改性煤样为 146 h，两者相差 273 h。这说明经电化学作用后，煤样在 4 个平衡压力下的平均瓦斯解吸速率提高了 3.03 倍。

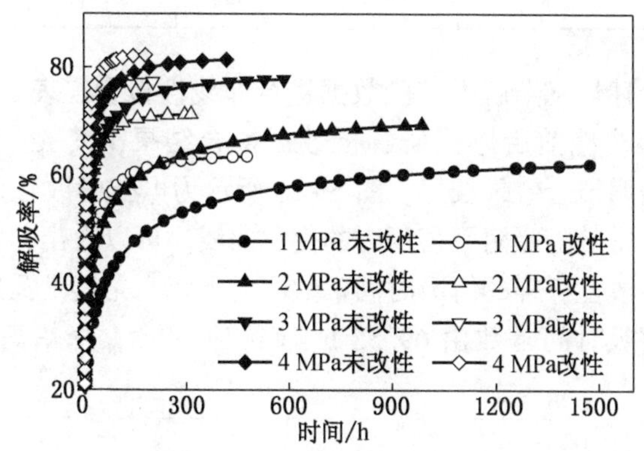

图 5-25 电化学改性前后煤瓦斯解吸率随时间的变化曲线

表 5-13 改性前后煤瓦斯解吸试验数据

煤样类型	质量/g	吸附平衡压力/MPa	饱和吸附量/L	解吸时间/h	解吸量终值/L	解吸率终值/%
自然煤样	3012	1	80.76	1475	50.06	61.98
		2	98.80	986	68.55	69.38
		3	105.83	587	82.33	77.79
		4	110.58	419	90.04	81.42

表 5-13（续）

煤样类型	质量/g	吸附平衡压力/MPa	饱和吸附量/L	解吸时间/h	解吸量终值/L	解吸率终值/%
改性煤样	2936	1	78.19	479	49.63	63.47
		2	96.62	315	68.85	71.26
		3	102.87	204	79.55	77.33
		4	106.15	146	87.18	82.32

对上述煤瓦斯解吸试验数据进行非线性拟合，表 5-14 给出了电化学改性前后煤瓦斯解析数据拟合结果，其 R^2 值均大于 0.98，表明拟合效果较好。图 5-26 所示为电化学改性前后煤样解吸时间常数随吸附平衡压力的变化曲线。可以看出，经电化学作用后，改性煤样的解吸时间常数明显下降，尤其是瓦斯压力较低时，解吸时间常数由 69.58 h 降至 14.69 h，降幅高达 79%，

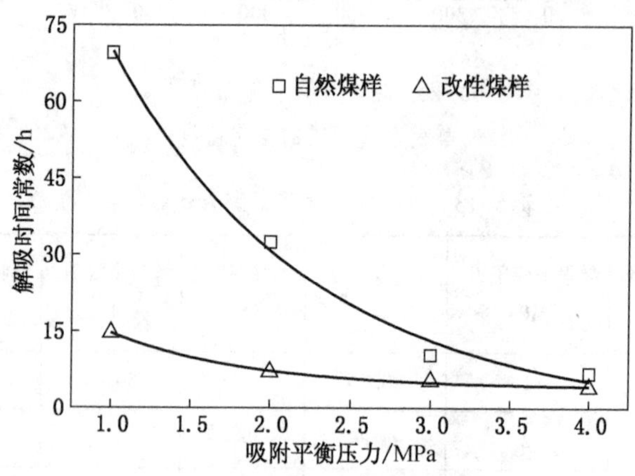

图 5-26 电化学改性前后煤样解吸时间常数随吸附平衡压力的变化曲线

系数 n 值由 0.37 增至 0.46，这是由于电化学作用增加了煤样中的裂隙数量，缩短了瓦斯由煤基质孔隙扩散至渗流通道的距离，从而减少了瓦斯解吸运移时间。另外，随着吸附平衡压力的升高，两种煤样的解吸时间常数均呈负指数规律下降，拟合关系如下：

自然煤样：

$$t_0 = -1.26 + 157\exp(-0.797P) \tag{5-19}$$

改性煤样：

$$t_0 = 3.95 + 34\exp(-1.172P) \tag{5-20}$$

式中 P——吸附平衡压力，MPa；

t_0——解吸时间常数，h；

相关系数分别为 0.9839 和 0.9894。

表 5-14 电化学改性前后煤瓦斯解吸数据拟合结果

煤样类型	吸附平衡压力 P/MPa	最终解吸量 A/L	最终解吸率 η_{max}/%	解吸时间常数 t_0/h	系数 n	拟合方程	拟合度 R^2
自然煤样	1	52.43	64.92	69.58	0.37	$Q=52.43\{1-\exp[-(t/69.58)^{0.37}]\}$	0.9957
	2	70.87	71.73	32.47	0.36	$Q=70.87\{1-\exp[-(t/32.47)^{0.36}]\}$	0.9938
	3	83.13	78.55	10.32	0.38	$Q=83.13\{1-\exp[-(t/10.32)^{0.38}]\}$	0.9915
	4	90.65	81.98	6.76	0.39	$Q=90.65\{1-\exp[-(t/6.76)^{0.39}]\}$	0.9868
改性煤样	1	49.98	63.92	14.69	0.46	$Q=49.98\{1-\exp[-(t/14.69)^{0.46}]\}$	0.9839
	2	69.03	71.44	7.10	0.47	$Q=69.03\{1-\exp[-(t/7.10)^{0.47}]\}$	0.9936
	3	79.94	77.71	5.37	0.46	$Q=79.94\{1-\exp[-(t/5.37)^{0.46}]\}$	0.9825
	4	87.66	82.58	4.03	0.46	$Q=87.66\{1-\exp[-(t/4.03)^{0.46}]\}$	0.9758

这种变化是由于瓦斯压力的升高缩小了孔隙气体分子的平均自由程，增大了诺森数 K_n。根据气体在多孔介质中的扩散机理可知，诺森数 K_n 的增大，会使扩散方式由诺森扩散转化为

过渡型扩散或 Fick 扩散，进而增强气体扩散能力，提高运移速率。

5.5 电化学强化煤瓦斯解吸机理分析

图 5-27 所示为电化学强化煤瓦斯解吸机理示意图。在块状无烟煤两端施加直流电场，电解液（E）在电渗作用的驱动下进入煤样的内生裂隙（面割理和端割理）和微裂隙中，一方面可以洗刷煤样表面的瓦斯以促进解吸，另一方面可以提供驱动瓦斯运移的动力。另外，电化学作用过程中发生的电解反应使得煤样的酸碱度发生变化，酸化导致方解石（Ca）的溶蚀和黄铁矿（Fe）的电解分解，增加阳极区域煤样的孔隙率；碱化导致阴极区域煤样中黏土矿物（Cl）聚合体的分散。

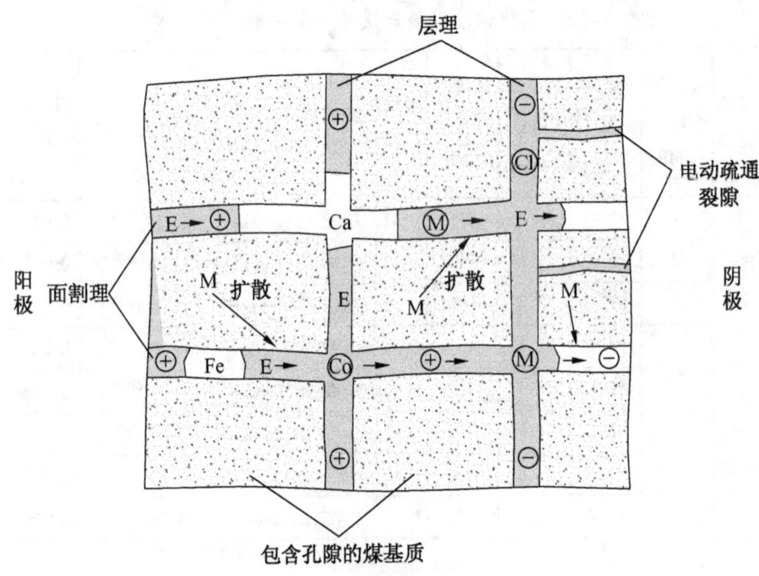

E—电解液；Ca—碳酸钙；Fe—黄铁矿；Co—煤粒；Cl—黏土矿物；M—瓦斯；⊕—阳离子；⊖—阴离子

图 5-27 电化学强化煤瓦斯解吸机理示意图

由于煤粒（Co）和黏土矿物（Cl）颗粒表面带负电，在电泳作用下，无烟煤裂隙中的带电颗粒向阳极方向移动，并脱离煤体，并且在阳极区域的酸性环境中，部分矿物会被溶蚀；在电渗作用下，带正电的液相电解液分子向阴极方向移动并富集，电解液在阴极的富集导致电解液渗透和填充煤样孔裂隙的程度增强，使得阴极区域中更多的带电固体颗粒发生电解反应，并向阳极方向移动，从而增加阴极区域煤样的裂隙数量。

另外，电化学作用升高了电解液的温度，并热传递于煤基质，加快了瓦斯的解吸和扩散。图 5-28 所示为方案 1、方案 3 和方案 5 电化学强化煤瓦斯解吸过程中的温度变化。可以看出，随着时间的延长，温度由 25 ℃快速升高并逐渐趋于稳定值 65~70 ℃。

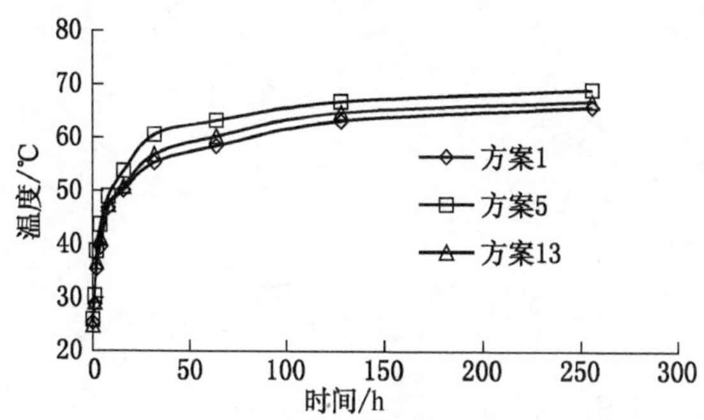

图 5-28　电化学强化煤瓦斯解吸过程中的温度变化

综上所述，电化学作用中的电解反应溶蚀了无烟煤内生裂隙中的方解石和黄铁矿，疏通了裂隙通道；电渗和电泳等动力作用驱动煤样中黏土矿物和煤粒运移，孔裂隙萌生、发育、贯通，增加了渗流通道，同时也提供了驱动瓦斯运移的动力；热效应升高了环境温度和瓦斯运移的活化能。Crosdale 等研究认为瓦斯的产出经历煤基质内表面解吸、微小孔隙中扩散和内外生裂隙中渗流3个过程，并且气体在微小孔隙内的扩散阻力远大于大孔和裂隙中的渗流阻力，渗流通道的增加以及电渗动力的作用会有效提高瓦斯的产出效率。

6 电化学强化煤瓦斯渗透性的试验与机理分析

煤储层渗透性直接决定瓦斯抽采效果，我国煤层渗透率一般分布于（0.001～0.1）×10^{-3} μm^2 之间，较美国低 2～3 个数量级，渗透性差或极差。本章研制三轴应力作用下电化学强化煤瓦斯渗流试验装置，采用此装置进行电化学强化煤样的瓦斯渗流试验，研究电解液浓度和电位梯度等电化学作用参数对煤瓦斯渗流速度和渗透系数的影响，在此基础上建立煤层瓦斯的电动渗流方程，并结合煤表面电动特性揭示电化学强化煤瓦斯渗流机理。

6.1 电化学强化煤瓦斯渗流试验装置的研制

6.1.1 试验装置的系统组成与结构

图 6-1 所示为自主研制的三轴应力下电化学强化煤瓦斯渗流试验装置。该装置主要由加载系统、三轴渗透室、孔隙压控制系统、测试系统和电化学作用系统 5 部分组成。

（1）加载系统主要由轴向加载和围压加载两部分构成，如图 6-1 所示。其中，轴向加载包括轴向加载机架、加载油泵和蓄能器、压力表及高压管等。轴向加载机架是由上承压板与下承压板经 4 根立柱固定而形成的框架结构；围压加载包括围压高压气瓶、压力表 7-5 和截止阀 14-5 等。该加载系统实现了加载过程的连续性、稳定性和精确性。

（2）三轴渗透室是该试验装置放置煤样、施加电化学作用场及产生试验所需围压环境的机构，如图 6-2 所示。三轴渗透室

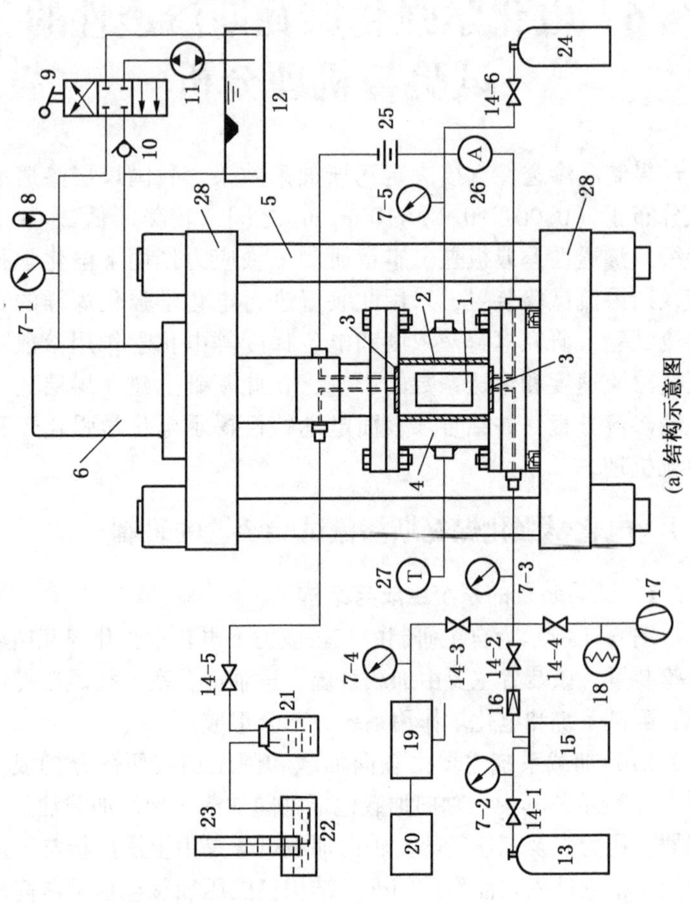

1
2
3
3
4
5
6
7-1
7-2
7-3
7-4
7-5
8
9
10
11
12
13
14-1
14-2
14-3
14-4
14-5
14-6
15
16
17
18
19
20
21
22
23
24
25
26
A
27
T
28
28

(a) 结构示意图

(b) 实物照片

1—试样；2—橡胶套；3—多孔电极板；4—三轴渗透室；5—加载机架；6—加载油缸；7—压力表；8—蓄能器；9—三位四通阀；10—单向阀；11—加载油泵；12—油箱；13—高压气瓶（加载孔隙压）；14—截止阀；15—参考罐；16—稳压阀；17—真空泵；18—真空压力表；19—恒压恒流注液泵；20—储液罐；21—集液瓶；22—水槽；23—集气量筒；24—高压气瓶（加载围压）；25—直流电源；26—电流表；27—温度数显表；28—承压板

图 6-1 电化学强化煤瓦斯渗流试验装置

由顶盖、外筒、底座和加压活塞 4 部分组成。其中，顶盖、底座与外筒之间分别采用顶盖法兰和底座法兰经 8 条螺栓进行连接紧固，连接处用“O”形密封圈密封，可有效保证气密性。顶盖与底座的材质为尼龙 66，外筒与法兰材质为碳钢，这样既可确保电化学作用过程中的绝缘效果，也可保证压力室的承压能力。加压活塞杆置于顶盖中间，材质为尼龙 66，直径为 75 mm，并且在顶盖内侧设有两道“O”形密封圈，确保顶盖与加压活塞之间的密封效果。

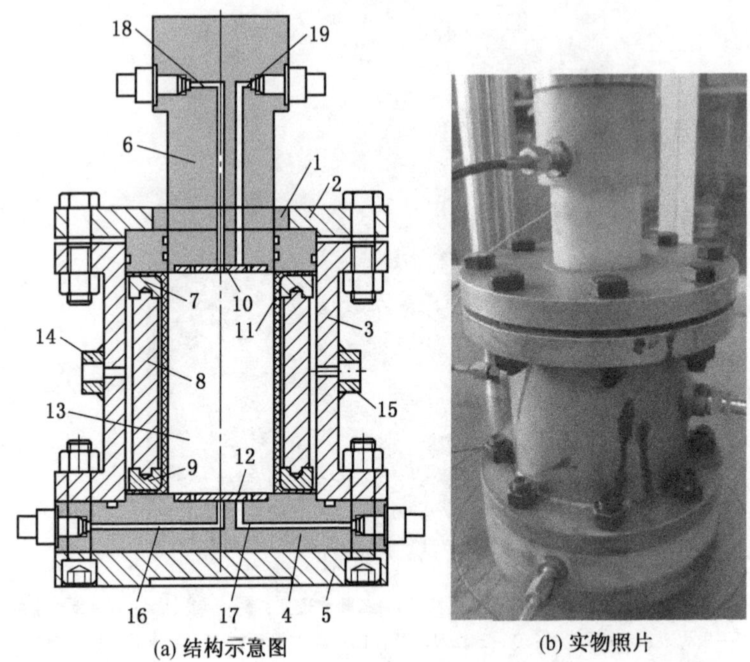

(a) 结构示意图 (b) 实物照片

1—尼龙顶盖；2—顶盖金属法兰；3—外筒；4—尼龙底座；5—底座金属法兰；6—加压尼龙活塞；7—上压环；8—定位杆；9—下压环；10—阴极多孔电极板；11—橡胶套；12—阳极多孔电极板；13—煤样；14—温度传感器接口；15—围压接口；16—进液/气孔；17—阳极导线孔；18—出液/气孔；19—阴极导线孔

图 6-2 三轴渗透室

为了保证煤样所受孔隙压和围压的独立，用三元乙丙材质的橡胶套包裹煤样试件，在橡胶套两端面内侧分别设有上压环和下压环，压环之间安装 4 个定位杆（图 6-3a），用于传递顶盖施加的压力，确保橡胶套两端边的密封效果，进而将孔隙压与围压分隔。在加压活塞杆下端面和底座上端面分别设有直径 65 mm、深 5 mm，用于安装两个电极板的腔室（图 6-3b 和图 6-3c）。为使气/液均匀地流过试件断面，在两电极板中均匀开孔并在其一端沿孔开槽。另外，在外筒侧面设有两个接口，一个用于连接围压加载管路，另一个连接温度传感器。在底座和加压活塞中分别布置两对孔，一对用于进气/液和阳极导线插孔，另一对用于出气/液和阴极导线插孔。由于煤表面带负电荷，为保证电渗方向与压差方向的一致，将阳极设置在煤样下端，阴极设置在煤样上端。

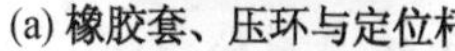
(a) 橡胶套、压环与定位杆

(b) 底座与阳极电极板

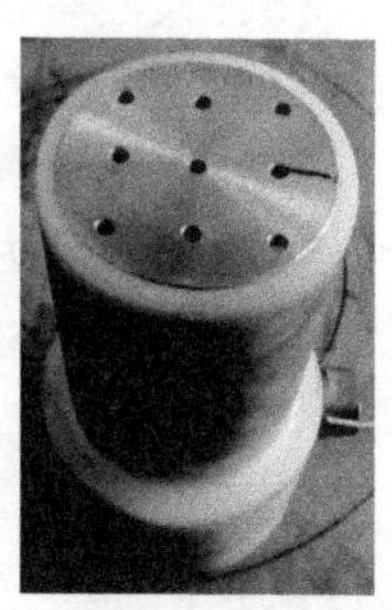
(c) 活塞与阴极电极板

图 6-3　三轴渗透室零部件

（3）孔隙压控制系统由高压气瓶、参考罐、稳压阀和气体管路等组成（图 6-1）。试验时，通过减压阀调节三轴渗透室进气孔的气体压力，通过与参考罐相连的压力表 7-3 的读数测定进气量，出气孔的气体压力则为大气压。

（4）测试系统是由压力表（7-1、7-2 和 7-5）、温度传感器、温度数显表、集液瓶和集气量筒等组成（图 6-1）。其中，压力表用于测试轴压、围压和孔隙压；温度传感器和温度数显表用于测试电化学作用过程中煤样的温度变化；集液瓶与集气量筒用于测量电化学作用过程中渗流通过的液体和气体体积。

（5）电化学作用系统由 DH1722A-4 型单路稳压稳流电源、TBP-5010t 型恒压恒流注液泵、储液罐和电极板等组成（图 6-1）。

6.1.2　主要性能指标

（1）最大轴压为 30 MPa（油缸压力），最大围压为 10 MPa，精度为 0.05 MPa；

（2）最大孔隙气压为 10 MPa，精度为 0.05 MPa；

（3）温度测试范围为 0~100 ℃；

（4）试样尺寸 ϕ75 mm×150 mm；

（5）集液瓶容量为 0~500 mL，精度为 1 mL；集气量筒容量为 0~1 L，精度为 1 mL；

（6）电压范围：0~250 V；电流范围：0~1.2 A；

（7）电解液为弱酸、弱碱或盐类，电解液浓度最大至饱和；

（8）电极板材质为黄铜、铝或不锈钢等。

6.1.3 主要功能

（1）测试不同体积应力和不同瓦斯压力下煤岩体的气/液体渗透系数。

（2）可以测试三轴应力作用下煤岩体的电渗透系数。

（3）施加电化学作用场，模拟三轴应力下电渗驱动煤岩体中液体流动并携带气体运移的特性，研究电化学强化煤瓦斯渗流规律与机理，是煤岩流体电动力学领域理想的试验装置。

6.2 电化学强化煤瓦斯渗透的试验与分析

6.2.1 试样

采用岩石取芯机、切割机和打磨机将现场取回的大块煤加工成直径 75 mm、高 150 mm 的圆柱状试件，试件两端面不平行度小于 0.05 mm，共加工 18 块。为确保安全，采用体积分数为 99.99% 的氮气作为试验介质。

6.2.2 试验方案

为了研究电化学作用对煤样瓦斯渗透特性的影响并便于比较分析，本试验设定的电化学作用条件为：电解液为自来水和浓度分别为 0.05 mol/L、0.1 mol/L、0.25 mol/L 和 0.5 mol/L 的 Na_2SO_4 溶液，电位梯度分别为 0 V/cm、0.5 V/cm、1 V/cm、2 V/cm和 4 V/cm，组成表 6-1 所示的试验方案。每个方案试验

3 个试样，对试验结果进行平均。

表 6-1 电化学强化煤瓦斯渗透的试验方案

序号	煤样含液状态	电解液类型及浓度	电位梯度/($V \cdot cm^{-1}$)				
			0	0.5	1	2	4
1	干燥煤样	—	√	√	√	√	√
2	饱和水煤样	自来水	√	√	√	√	√
3	饱和液煤样	0.05 mol/L 的 Na_2SO_4 溶液	√	√	√	√	√
4	饱和液煤样	0.1 mol/L 的 Na_2SO_4 溶液	√	√	√	√	√
5	饱和液煤样	0.25 mol/L 的 Na_2SO_4 溶液	√	√	√	√	√
6	饱和液煤样	0.5 mol/L 的 Na_2SO_4 溶液	√	√	√	√	√

考虑开采深度和试验装置的性能，本试验确定的最大轴压为 10 MPa，试验的轴压 σ_1 取 2 MPa、4 MPa、6 MPa、8 MPa 和 10 MPa。上覆岩层按自重引起的侧压系数 $\lambda=0.4\sim0.9$ 计算相应的围压，取围压的变化范围为 1 MPa，2 MPa，3 MPa，…，9 MPa。考虑煤层瓦斯压力与埋深的关系，试验中取孔隙压力为 0.5 MPa，1 MPa，1.5 MPa，…，5 MPa。依此设计对单个试样的试验方案，见表 6-2。

表 6-2 单试样渗透性测试方案

序号	轴压/MPa	侧压/MPa	孔隙压/MPa						
			0.5	1	1.5	2	3	4	5
1	2	1	√						
2	4	2	√	√	√				
3	4	3	√	√	√				
4	6	3	√	√	√	√			
5	6	4	√	√	√	√	√		
6	6	5	√	√	√	√	√		

表 6-2（续）

序号	轴压/MPa	侧压/MPa	孔隙压/MPa						
			0.5	1	1.5	2	3	4	5
7	8	4	√	√	√	√	√		
8	8	5	√	√	√	√	√	√	
9	8	6	√	√	√	√	√	√	
10	8	7	√	√	√	√	√	√	
11	10	5	√	√	√	√	√	√	
12	10	6	√	√	√	√	√	√	√
13	10	7	√	√	√	√	√	√	√
14	10	8	√	√	√	√	√	√	√
15	10	9	√	√	√	√	√	√	√

6.2.3 试验过程

（1）将加工好的煤样置入 105～110 ℃真空干燥箱烘干，称量煤样干重 m_0。

（2）将干燥煤样浸泡于自来水或电解液中，至含水或含液饱和，称取饱和水/液煤样的质量 m_s，依下式计算煤样的含水/液率 ω_s。

$$\omega_s = \frac{m_s - m_0}{m_0} \times 100\% \tag{6-1}$$

（3）在煤样侧面涂抹一薄层密封胶，将煤样置入橡胶套。

（4）将包裹有煤样的橡胶套封装于三轴渗透室，连接整套装置。

（5）施加轴压 σ_1 2 MPa$\left(\text{油缸压力 } \sigma = \frac{\sigma_1}{3.47} = 0.58\ \text{MPa}\right)$，侧压 σ_2 1 MPa，孔隙压力 0.5 MPa，检查装置气密性。

（6）设定电位梯度并对煤样施加电场，同时打开出气孔，采用集液瓶和量筒分别收集电解液和气体，并记录其体积。根据气体体积和时间计算瓦斯流量，至流量不发生变化时停止加电，并关闭进气阀。根据下式计算压力差作用下的渗透系数 K_h：

$$K_h = \frac{2Q_h p_0 L}{A(p_1^2 - p_2^2)} \tag{6-2}$$

式中　p_0、p_1、p_2——试验环境的大气压力、进口孔隙压力和出口孔隙压力，MPa；

Q_h——p_0 条件下测量的瓦斯体积流量，mL/s；

L——煤样长度，本试样中为 15 cm；

A——煤样横截面积，本试验中为 44.17 cm^2。

另外，间隔一定时间采用温度传感器测试三轴渗透室内的温度。

（7）在电化学强化煤瓦斯渗透过程中，煤孔裂隙中的电解液会减少。为了保证除电位梯度以外其他参数的一致，断开电源后采用注液泵继续向煤样内注液，待煤样上端有液体渗出时停止，浸润 0.5 h 左右。对于干燥煤样而言，无此步骤。

（8）由小到大改变电位梯度，依次为 0、0.5、1、2、4 V/cm，重复步骤（6）~（8）。

（9）按表 6-2 中轴压和侧压固定时对应的孔隙压力由小到大依次改变，重复步骤（5）~（9）。

（10）按表 6-2 中的方案顺序依次改变轴压和侧压，重复步骤（5）~（10）。

6.2.4　试验结果及其分析

1. 干燥煤样瓦斯渗流速度和渗透系数

1）干燥煤样瓦斯渗流速度和渗透系数随孔隙压力变化

试验结果显示，不同轴压和侧压组合下，煤样的瓦斯渗流速度与孔隙压力之间的关系一致，因此本书仅列出轴压为 10 MPa、侧压为 9 MPa 组合下的结果。轴压为 10 MPa、侧压为 9 MPa 和孔隙压力为 0.5~5 MPa 组合下，干燥煤样在不同电位梯度作用时瓦斯渗流速度和渗透系数的试验结果见表 6-3，其随孔隙压力的变化曲线如图 6-4 所示。由图 6-4a 可知，随着孔隙压力的升高，不同电位梯度作用时干燥煤样的瓦斯渗流速度呈增大趋势。当孔隙压力由 0.5 MPa 增至 5 MPa 时，无电场作用时的瓦斯渗流速度由 0.1 mL/s 增至 9.16 mL/s。其原因为，煤样两端的孔隙压力梯度增大，单位时间内渗透过煤样截面的瓦斯流量增多，相应的渗流速度也就增大。随着电位梯度的升高，相同孔隙压力干燥煤样的瓦斯渗流速度呈增大趋势，但增幅较小。当电位梯度增至 4 V/cm 时，孔隙压力范围为 0.5~5 MPa 的瓦斯渗流速度由无电场作用时的 0.1~9.16 mL/s 增至 0.12~10.01 mL/s，平均渗流速度由 2.84 mL/s 增至 3.11 mL/s，增幅为 9.51%。

表 6-3　不同孔隙压力下干燥煤样的瓦斯渗流速度和渗透系数试验结果

孔隙压力/MPa	渗流速度/(mL · s^{-1})					渗透系数/[10^{-2} cm^2 · (atm · s)$^{-1}$]				
	0	0.5	1	2	4	0	0.5	1	2	4
0.5	0.102	0.106	0.108	0.108	0.124	0.290	0.299	0.304	0.306	0.351
1	0.355	0.362	0.355	0.375	0.391	0.244	0.248	0.243	0.257	0.268
1.5	0.705	0.715	0.724	0.741	0.762	0.214	0.217	0.219	0.225	0.231
2	1.214	1.245	1.319	1.334	1.335	0.207	0.212	0.224	0.227	0.227
3	2.905	3.054	3.134	3.175	3.175	0.219	0.231	0.237	0.240	0.240
4	5.495	5.586	5.681	5.921	6.020	0.233	0.237	0.241	0.251	0.256
5	9.165	9.247	9.490	9.815	10.012	0.249	0.251	0.258	0.267	0.272

由图 6-4b 可见，随着孔隙压力的升高，不同电位梯度作用时干燥煤样的瓦斯渗透系数均呈先减小后增大的“U”形变化规律，渗透系数最低点对应的孔隙压力为 1.5~2 MPa。其原因为，在所受轴压和围压一定的情况下，孔隙压力的增加对煤样的孔裂隙有两种影响：一种是缩小孔径，由于煤瓦斯之间存在吸附作用，当围压力保持一定时，煤体在吸附瓦斯后无法沿径向产生膨胀变形，微孔隙或微裂隙只能向内变形，孔裂隙变窄，从而减小

渗透通道的容积。同时气体分子之间的传递阻力也会增加，发生Klinkenberg效应，即孔隙压力较低时，瓦斯边界层会沿固体表面运动，当孔隙压力较高时，这些边界层停止运动，表现出煤体渗透性的显著下降；另一种是增大孔径，当孔隙压力较高时，孔隙压力的增高会增大煤样孔裂隙的张开度，甚至楔开因围压作用而闭合的孔裂隙，增大渗流通道的容积。因此，干燥煤样的瓦斯渗透系数存在一个临界孔隙压力，小于该压力时，孔隙压力增加导致孔隙的扩张要小于吸附瓦斯导致孔隙的收缩，从而导致孔径的减小，煤样的瓦斯渗透系数减小；当孔隙瓦斯超过该临界压力后，孔隙压力增加导致孔隙的扩张要大于吸附瓦斯导致孔隙的收缩，从而导致孔径的增大，煤样的瓦斯渗透系数增大。

2）干燥煤样瓦斯渗透系数随电位梯度变化

轴压为10 MPa、侧压为9 MPa和孔隙压力为0.5~5 MPa组合下，干燥煤样的瓦斯渗透系数随电位梯度的变化曲线如图6-5所示，其拟合表达式见表6-4。由图6-5可知，随着电位梯度的升高，相同孔隙压力干燥煤样的瓦斯渗透系数呈增大趋势。其原因为，电场作用降低了瓦斯吸附量，增加了游离瓦斯量，从而增大了煤体的有效渗透通道。

表6-4　干燥煤样瓦斯渗透系数与电位梯度关系拟合表达式

孔隙压力/MPa	拟合曲线方程	R^2
0.5	$K_h=0.1449E+2.8827$	0.9284
1	$K_h=0.0643E+2.4243$	0.909
1.5	$K_h=0.0427E+2.1466$	0.979
2	$K_h=0.0472E+2.1225$	0.6152
3	$K_h=0.0412E+2.271$	0.4361
4	$K_h=0.0573E+2.356$	0.8763
5	$K_h=0.059E+2.5021$	0.8888

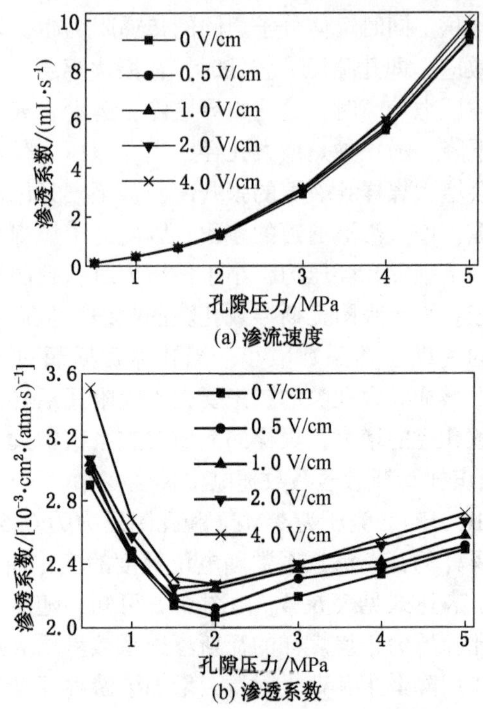

图 6-4　干燥煤样瓦斯渗流速度和渗透系数随孔隙压力的变化

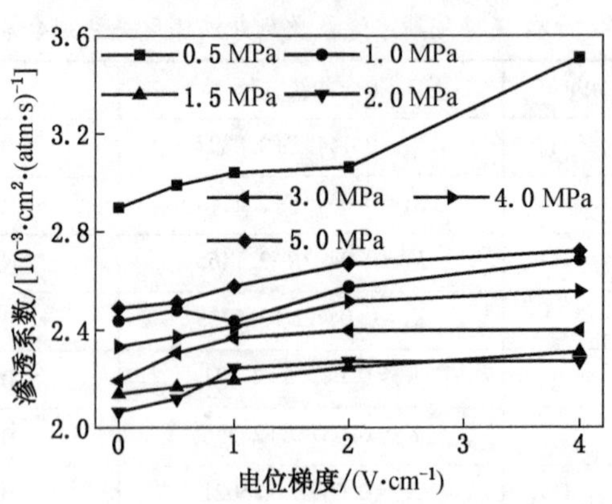

图 6-5　干燥煤样的瓦斯渗透系数随电位梯度的变化曲线

由表6-4中拟合曲线方程可见，干燥煤样的瓦斯渗透系数随电位梯度升高呈线性规律上升。由此，可以推导出这两个参数之间的一般表达式：

$$K_h = mE + K_0 \quad (6-3)$$

式中 K_0——电场强度为0时干燥煤样的渗透系数，$cm^2/(atm \cdot s)$；

m——拟合常数。

式（6-4）可以变换为

$$K_h = K_0\left(1 + \frac{m}{K_0}E\right) = K_0(1 + \beta E) \quad (6-4)$$

式中，$\beta = m/K_0$。王宏图在研究地电场对煤中甲烷气体的渗流性质时也得到该公式，并认为β与煤的变质程度有关。

3）干燥煤样瓦斯渗流速度和渗透系数随体积应力变化

孔隙压力0.5 MPa和体积应力4~28 MPa组合下，干燥煤样的瓦斯渗流速度和渗透系数试验结果见表6-5，其随体积应力的变化曲线如图6-6所示。可见，随着体积应力的升高，干燥煤样的瓦斯渗流速度和渗透系数逐渐减小，并且加载初期渗透系数降幅较大。当体积应力从4 MPa升高到20 MPa时，渗透系数由0.2121 $cm^2/(atm \cdot s)$ 降至0.0177 $cm^2/(atm \cdot s)$，降幅为92%，这与层理裂隙面的受载压缩有关。当体积应力高于20 MPa时，渗流速度和渗透系数的变化趋于平缓。随着电位梯度的升高，相同体积应力干燥煤样的瓦斯渗流速度和渗透系数略微增加。

表6-5 不同体积应力下干燥煤样的瓦斯渗流速度和渗透系数试验结果

体积应力/	渗流速度/$(mL \cdot s^{-1})$					渗透系数/$[10^{-2}\ cm^2 \cdot (atm \cdot s)^{-1}]$				
MPa	0	0.5	1	2	4	0	0.5	1	2	4
4	7.499	7.634	7.754	7.874	8.114	21.208	21.589	21.929	22.268	22.947
8	5.557	5.657	5.746	5.835	6.013	15.715	15.998	16.250	16.501	17.004
10	3.375	3.436	3.490	3.544	3.652	9.545	9.716	9.869	10.022	10.327
12	2.105	2.143	2.177	2.210	2.278	5.953	6.060	6.155	6.251	6.441

表 6-5 (续)

体积应力/MPa	渗流速度/(mL · s^{-1})					渗透系数/[10^{-2} cm^2 · (atm · s)$^{-1}$]				
	0	0.5	1	2	4	0	0.5	1	2	4
14	1.756	1.793	1.821	1.847	1.911	4.966	5.070	5.150	5.224	5.403
16	0.734	0.752	0.765	0.774	0.802	2.077	2.127	2.164	2.189	2.268
18	0.711	0.728	0.741	0.749	0.776	2.010	2.058	2.095	2.119	2.195
20	0.627	0.643	0.655	0.663	0.686	1.772	1.818	1.852	1.876	1.940
22	0.208	0.214	0.218	0.221	0.224	0.588	0.604	0.615	0.625	0.635
24	0.174	0.180	0.183	0.187	0.195	0.493	0.509	0.517	0.528	0.552
26	0.138	0.143	0.145	0.148	0.155	0.391	0.404	0.411	0.419	0.438
28	0.102	0.106	0.108	0.108	0.124	0.290	0.299	0.304	0.306	0.325

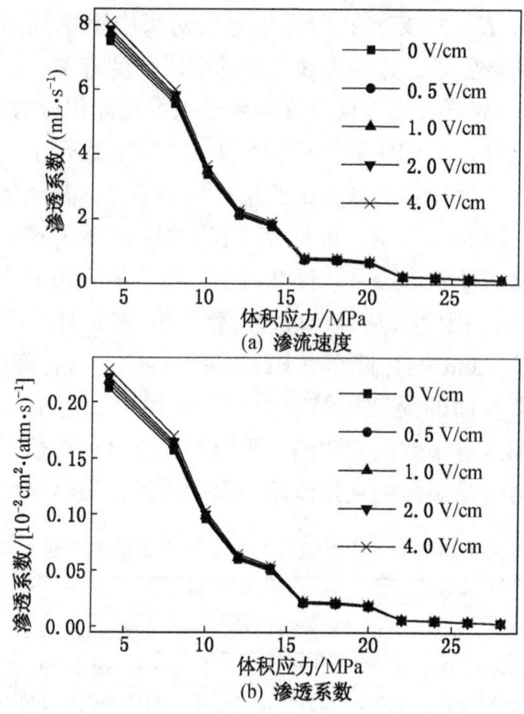

图 6-6 干燥煤样瓦斯渗流速度和渗透系数随体积应力的变化曲线

综上可知，在应力场和电场的共同作用下，干燥煤样的渗透系数 K_h 受体积应力 θ、孔隙压力 p 和电场强度 E 等影响，可以表示成下列形式：

$$K_h = K_0(1 + \beta E)\exp[a(\theta - 3bp)] \tag{6-5}$$

式中 a、b——体积应力、孔隙压力对应的系数。

2. 饱液煤样瓦斯渗流速度和渗透系数

1）饱液煤样瓦斯渗流速度和渗透系数随孔隙压力变化

轴压为 10 MPa、侧压为 9 MPa 和孔隙压力为 0.5~5 MPa 组合下，电解液浓度为 0 mol/L、0.05 mol/L、0.1 mol/L、0.25 mol/L 和 0.5 mol/L 饱液煤样的瓦斯渗流速度和渗透系数的试验结果见表 6-6，其随孔隙压力的变化曲线如图 6-7 所示。由图 6-7a 可以看出，与干燥煤样相同，饱液煤样的瓦斯渗流速度随孔隙压力的升高呈增大趋势，但数值上有所下降，而且降幅随电解液浓度升高呈增大趋势。当孔隙压力为 5 MPa 时，干燥煤样的瓦斯渗流速度为 9.16 mL/s，饱水煤样的渗流速度降至 4.582 mL/s，降幅 196%；当电解液浓度增至 0.5 mol/L 时，瓦斯渗流速度降至 0.916 mL/s，降幅 980%。其原因有两方面：一是液体占据了煤样中的孔裂隙等渗流通道，并且随着电解液浓度的升高，煤与液体之间的接触角降低，电解液越容易浸润煤体并进入煤的更细小的孔裂隙中，减少瓦斯渗流过程中的有效渗流通道；二是较高电解液浓度会增多孔裂隙中的电解质，对渗流通道有堵塞作用。

表 6-6 不同孔隙压力下饱液煤样的瓦斯渗流速度和渗透系数试验结果

孔隙压力/MPa	渗流速度/($mL \cdot s^{-1}$)					渗透系数/[10^{-3} $cm^2 \cdot (atm \cdot s)^{-1}$]				
	0	0.05	0.1	0.25	0.5	0	0.05	0.1	0.25	0.5
0.5	0.051	0.041	0.031	0.021	0.010	1.418	1.176	0.892	0.607	0.327
1	0.178	0.142	0.107	0.071	0.036	1.148	0.977	0.723	0.484	0.237
1.5	0.353	0.282	0.212	0.141	0.071	1.114	0.901	0.680	0.410	0.220
2	0.607	0.486	0.364	0.243	0.121	1.062	0.808	0.638	0.399	0.229
3	1.453	1.162	0.872	0.581	0.291	1.075	0.875	0.645	0.435	0.230

表 6-6（续）

孔隙压力/MPa	渗流速度/(mL · s^{-1})					渗透系数/[10^{-3} cm^2 · (atm · s)$^{-1}$]				
	0	0. 05	0. 1	0. 25	0. 5	0	0. 05	0. 1	0. 25	0. 5
4	2. 748	2. 198	1. 649	1. 099	0. 550	1. 153	0. 936	0. 656	0. 459	0. 222
5	4. 582	3. 666	2. 749	1. 833	0. 916	1. 268	0. 990	0. 719	0. 495	0. 254

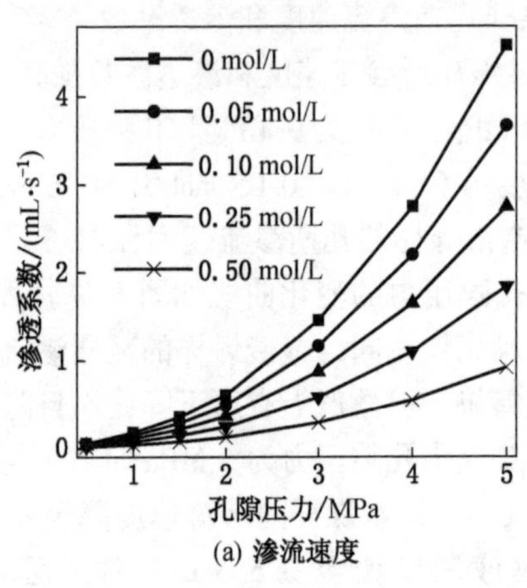

(a) 渗流速度

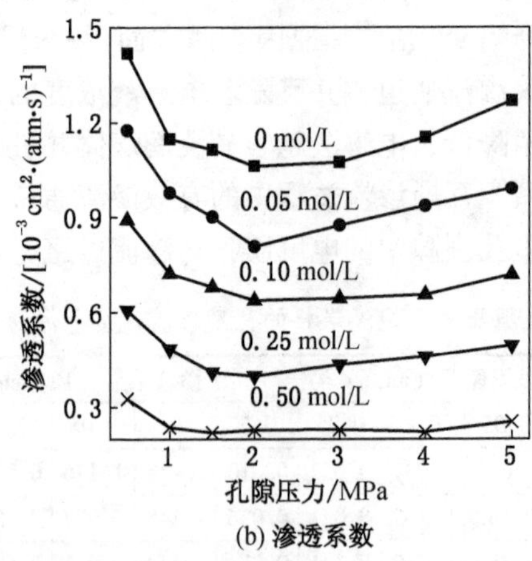

(b) 渗透系数

图 6-7 饱液煤样瓦斯渗流速度和渗透系数随孔隙压力的变化曲线

由图 6-7b 可以看出，随着孔隙压力的升高，饱液煤样的瓦斯渗透系数呈先减小后增大的“U”字形变化规律，并且随着电解液浓度的升高，饱液煤样的瓦斯渗透系数逐渐减小。

2）饱液煤样瓦斯渗流速度和渗透系数随体积应力变化

孔隙压力 0.5 MPa 和体积应力 4~28 MPa 组合下，电解液浓度为 0 mol/L、0.05 mol/L、0.1 mol/L、0.25 mol/L 和 0.5 mol/L 饱液煤样的瓦斯渗流速度和渗透系数的试验结果见表 6-7，其随体积应力的变化曲线如图 6-8 所示。由图 6-8 可以看出，随着体积应力的升高，饱液煤样的瓦斯渗流速度和渗透系数呈减小趋势。随着电解液浓度的升高，相同体积应力饱液煤样的瓦斯渗流速度和渗透系数逐渐减小。当电解液浓度由 0 mol/L 增至 0.5 mol/L 时，体积应力 4 MPa 时饱液煤样的瓦斯渗透系数由 0.106 $cm^2/(atm \cdot s)$ 降至 0.0212 $cm^2/(atm \cdot s)$。

表 6-7　不同体积应力下饱液煤样的瓦斯渗流速度和渗透系数试验结果

体积应力/MPa	渗流速度/$(mL \cdot s^{-1})$					渗透系数/$[10^{-2}\ cm^2 \cdot (atm \cdot s)^{-1}]$				
	0	0.05	0.1	0.25	0.5	0	0.05	0.1	0.25	0.5
4	3.750	3.000	2.250	1.500	0.750	10.604	8.483	6.362	4.242	2.121
8	2.779	2.223	1.667	1.111	0.556	7.858	6.286	4.715	3.143	1.572
10	1.688	1.350	1.013	0.675	0.338	4.772	3.818	2.863	1.909	0.954
12	1.053	0.842	0.632	0.421	0.211	2.977	2.381	1.786	1.191	0.595
14	0.878	0.702	0.527	0.351	0.176	2.483	1.986	1.490	0.993	0.497
16	0.367	0.294	0.220	0.147	0.073	1.038	0.831	0.623	0.415	0.208
18	0.355	0.284	0.213	0.142	0.071	1.005	0.804	0.603	0.402	0.201
20	0.313	0.251	0.188	0.125	0.063	0.886	0.709	0.532	0.354	0.177
22	0.104	0.083	0.062	0.042	0.021	0.294	0.235	0.176	0.118	0.059
24	0.087	0.070	0.052	0.035	0.017	0.247	0.197	0.148	0.099	0.049
26	0.069	0.055	0.042	0.028	0.014	0.196	0.157	0.117	0.078	0.039
28	0.051	0.041	0.031	0.021	0.010	0.142	0.118	0.089	0.061	0.033

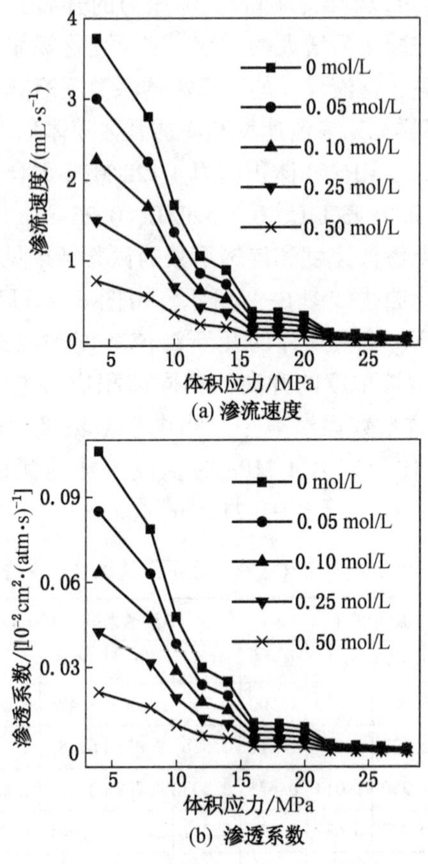

图 6-8　饱液煤样瓦斯渗流速度和渗透系数随体积应力的变化曲线

3. 电解液浓度对瓦斯渗流速度和渗透系数的影响

1）不同孔隙压力下电解液浓度的影响

轴压 10 MPa、侧压 9 MPa 以及电位梯度 1 V/cm 组合下，不同孔隙压力作用时饱液煤样瓦斯渗流速度的试验结果见表 6-8，其随电解液浓度的变化曲线如图 6-9 所示。与相同轴压、侧压和电位梯度下干燥煤样的瓦斯渗流速度相比较，饱液煤样在孔隙压力 2 MPa 前后的渗流速度变化不同，在孔隙压力 0.5 MPa、1 MPa 和 1.5 MPa 时的渗流速度分别由 0.11、0.36 和 0.72 mL/s 变为 0.35~0.85 mL/s、0.4~0.92 mL/s 和 0.41~1.04 mL/s，平均增幅分别为 4.39、0.9 和 0.08 倍，最高增幅分别为 7.93、2.6 和 1.43 倍，并且渗流速度随电解液浓度的升高呈先增大后减小的倒 U 形变化规律，在电解液浓度为 0.1 mol/L 时达到最大（图 6-9）。当孔隙压力≥2 MPa 时，饱液煤样的渗流速度较干燥煤样有所降低，并且随着电解液浓度的升高，饱液煤样的瓦斯渗流速度呈减小趋势。说明孔隙压力较低时饱液煤样瓦斯渗流的电化学强化效果较显著。

表 6-8 不同孔隙压力作用时饱液煤样瓦斯渗流速度的试验结果

电解液浓度/(mol · L^{-1})	孔隙压力/MPa						
	0.5	1	1.5	2	3	4	5
0	0.47	0.58	0.78	1.03	1.86	3.14	5.09
0.05	0.69	0.83	0.97	1.14	1.86	2.90	4.32
0.1	0.85	0.92	1.04	1.23	1.69	2.52	3.58
0.25	0.55	0.63	0.70	0.75	1.15	1.64	2.36
0.5	0.35	0.40	0.41	0.48	0.68	0.92	1.33
平均	0.58	0.67	0.78	0.93	1.45	2.22	3.34
平均增幅	4.39	0.90	0.08	-0.30	-0.54	-0.61	-0.65
最大增幅	6.93	1.60	0.43	-0.07	-0.41	-0.45	-0.46

轴压 10 MPa、侧压 9 MPa 以及电位梯度 1 V/cm 组合下，不同孔隙压力作用时饱液煤样瓦斯渗透系数的试验结果见表 6-9，其随电解液浓度的变化曲线如图 6-10 所示。与相同轴压、侧压和电位梯度下干燥煤样的瓦斯渗透系数相比较，饱液煤样在孔隙压

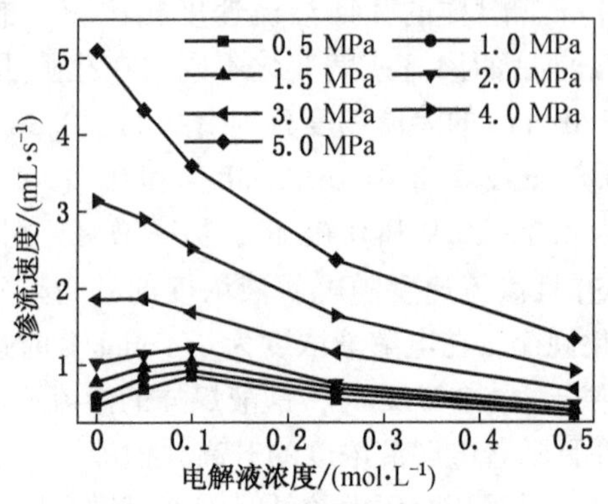

图 6-9 不同孔隙压力下煤瓦斯渗流速度随电解液浓度的变化曲线

力 2 MPa 前后的渗透系数变化不同，在孔隙压力 0.5、1 和 1.5 MPa 时的渗透系数分别由 0.0031、0.0024 和 0.0022 $cm^2/(atm \cdot s)$ 增至 0.0098~0.0241 $cm^2/(atm \cdot s)$、0.0027~0.0063 $cm^2/(atm \cdot s)$ 和 0.0012~0.0031 $cm^2/(atm \cdot s)$，平均增幅分别为 4.39、0.9 和 0.08 倍，最高增幅分别为 6.93、1.6 和 0.43 倍，并且渗透系数随电解液浓度的升高呈先增大后减小的倒 U 形变化规律，在电解液浓度为 0.1 mol/L 时达到最大（图 6-10）。当孔隙压力≥2 MPa 时，饱液煤样的渗透系数较干燥煤样有所降低，且随电解液浓度的升高呈减小趋势。

表 6-9 不同孔隙压力作用时饱液煤样瓦斯渗透系数的试验结果

电解液浓度/	孔隙压力/MPa						
($mol \cdot L^{-1}$)	0.5	1	1.5	2	3	4	5
0	0.0132	0.0040	0.0024	0.0017	0.0014	0.0013	0.0014
0.05	0.0194	0.0057	0.0029	0.0019	0.0014	0.0012	0.0012
0.1	0.0241	0.0063	0.0031	0.0021	0.0013	0.0011	0.0010
0.25	0.0155	0.0043	0.0021	0.0013	0.0009	0.0007	0.0006

表 6-9 (续)

电解液浓度/(mol · L^{-1})	孔隙压力/MPa						
	0.5	1	1.5	2	3	4	5
0.5	0.0098	0.0027	0.0012	0.0008	0.0005	0.0004	0.0004
平均	0.0164	0.0046	0.0024	0.0016	0.0011	0.0009	0.0009
平均增幅	4.39	0.90	0.08	−0.30	−0.54	−0.61	−0.65
最大增幅	6.93	1.60	0.43	−0.07	−0.41	−0.45	−0.46

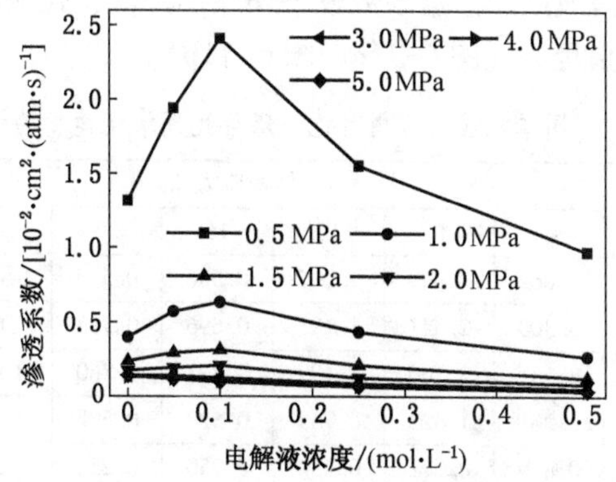

图 6-10 不同孔隙压力饱液煤样的渗透系数随电解液浓度的变化曲线

2）不同体积应力下电解液浓度的影响

孔隙压力 0.5 MPa 和电位梯度 1 V/cm 组合下，不同体积应力作用时饱液煤样瓦斯渗流速度、渗透系数的试验结果见表 6-10、表 6-11，其随电解液浓度的变化曲线如图 6-11 所示。与相同孔隙压力和电位梯度下干燥煤样的瓦斯渗透系数相比较，饱液煤样在体积应力 16 MPa 前后渗流速度和渗透系数的变化不同，在体积应力 16 MPa、20 MPa、24 MPa 和 28 MPa 时的渗流速度分别由 0.77 mL/s、0.65 mL/s、0.18 mL/s 和 0.11 mL/s 变为

0.25~0.82 mL/s、0.26~0.86 mL/s、0.26~0.83 mL/s 和 0.34~0.85 mL/s；渗透系数分别由 0.022、0.019、0.005 $cm^2/(atm \cdot s)$ 和 0.003 $cm^2/(atm \cdot s)$ 变为 0.007~0.023 $cm^2/(atm \cdot s)$、0.007~0.024 $cm^2/(atm \cdot s)$、0.007~0.023 $cm^2/(atm \cdot s)$ 和 0.01~0.024 $cm^2/(atm \cdot s)$，最大增幅分别为 1.07、1.31、4.52 倍和 7.93 倍，并且渗流速度和渗透系数随电解液浓度的升高呈先增大后减小的倒 U 形变化规律，在电解液浓度为 0.1 mol/L 时达到最大（图 6-11a、图 6-11b）。当体积应力< 16 MPa 时，饱液煤样的渗流速度和渗透系数较干燥煤样降低，且随电解液浓度的升高呈减小趋势（图 6-11a、图 6-11b）。

表 6-10　不同体积应力作用时饱液煤样瓦斯渗流速度的试验结果

电解液浓度/	体积应力/MPa						
$(mol \cdot L^{-1})$	4	8	12	16	20	24	28
0	3.862	2.900	1.205	0.586	0.573	0.425	0.466
0.05	3.300	2.541	1.191	0.696	0.715	0.662	0.686
0.1	2.661	2.100	1.109	0.821	0.860	0.826	0.852
0.25	1.801	1.423	0.759	0.523	0.528	0.833	0.549
0.5	0.849	0.672	0.350	0.250	0.256	0.257	0.345
平均	2.495	1.927	0.923	0.575	0.586	0.600	0.580
平均增幅	0.32	0.34	0.42	0.75	0.90	3.28	5.39
最大增幅	0.34	0.37	0.51	1.07	1.31	4.52	7.93

表 6-11　不同体积应力饱液煤样瓦斯渗透系数的试验结果

电解液浓度/	体积应力/MPa						
$(mol \cdot L^{-1})$	4	8	12	16	20	24	28
0	0.1092	0.0820	0.0341	0.0166	0.0162	0.0120	0.0132
0.05	0.0933	0.0719	0.0337	0.0197	0.0202	0.0187	0.0194
0.1	0.0752	0.0594	0.0314	0.0232	0.0243	0.0234	0.0241
0.25	0.0509	0.0402	0.0215	0.0148	0.0149	0.0149	0.0155
0.5	0.0240	0.0190	0.0099	0.0071	0.0072	0.0073	0.0098

表6-11（续）

电解液浓度/（mol·L^{-1}）	体积应力/MPa						
	4	8	12	16	20	24	28
平均	0.0705	0.0545	0.0261	0.0163	0.0166	0.0152	0.0164
平均增幅	0.32	0.34	0.42	0.75	0.90	2.95	5.39
最大增幅	0.34	0.37	0.51	1.07	1.31	4.52	7.93

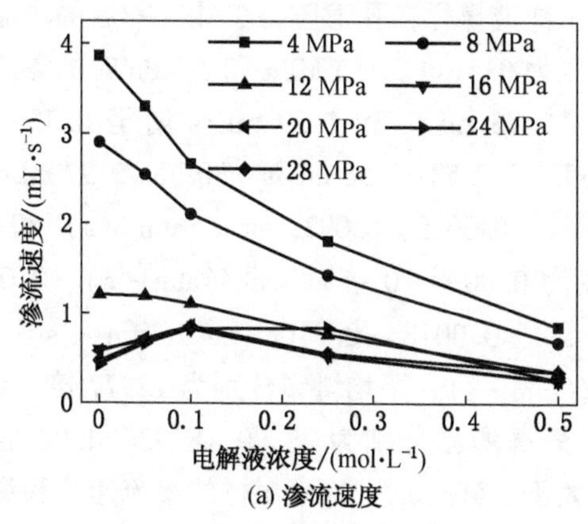

(a) 渗流速度

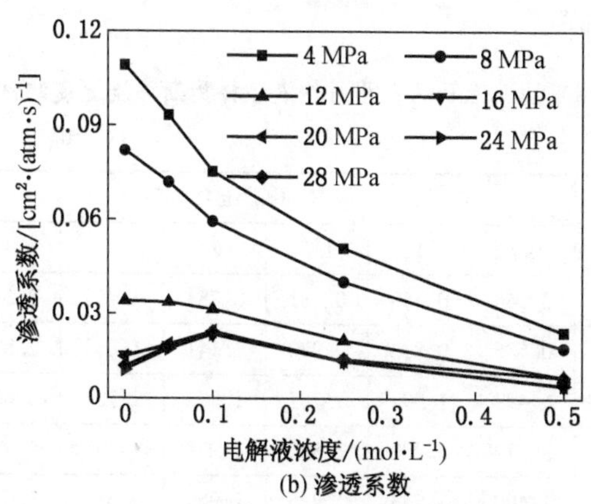

(b) 渗透系数

图6-11 不同体积应力作用时饱液煤样的瓦斯渗流速度和透系数随电解液浓度的变化曲线

4. 电位梯度对瓦斯渗流速度和渗透系数的影响

1）不同孔隙压力下电位梯度的影响

轴压 10 MPa、侧压 9 MPa 以及电解液浓度 0.05 mol/L 组合下，不同孔隙压力作用时饱液煤样的瓦斯渗流速度、渗透系数的试验结果见表 6-12、表 6-13，其随电位梯度的变化曲线如图 6-12 所示。与相同轴压、侧压和电位梯度下干燥煤样的瓦斯渗流速度相比较，饱液煤样在孔隙压力 3 MPa 前后的渗流速度变化不同，在孔隙压力 0.5、1、1.5 MPa 和 2 MPa 时的渗流速度分别由 0.11、0.37、0.73 mL/s 和 1.29 mL/s 增至 0.35～3.08 mL/s、0.46～3.28 mL/s、0.58～3.56 mL/s 和 0.78～3.97 mL/s；渗透系数分别由 0.0031、0.0025、0.0022 cm^2/(atm · s) 和 0.0022 cm^2/(atm · s) 变为 0.0098～0.0871 cm^2/(atm · s)、0.0031～0.0225 cm^2/(atm · s)、0.0018～0.0108 cm^2/(atm · s) 和 0.0013～0.0033 cm^2/(atm · s)，平均增幅分别为 12.77 倍、4.2、2.36 倍和 1.52 倍，最高增幅分别为 28.09、8.93、4.88 倍和 3.08 倍。当孔隙压力大于 3 MPa 后，饱液煤样的渗流速度和渗透系数较干燥煤样有所降低。

表 6-12　不同孔隙压力作用时饱液煤样瓦斯渗流速度的试验结果

mL/s

电位梯度/($V \cdot cm^{-1}$)	孔隙压力/MPa						
	0.5	1	1.5	2	3	4	5
0.5	0.346	0.459	0.581	0.783	1.465	2.516	3.979
1	0.686	0.832	0.970	1.141	1.864	2.899	4.323
2	1.489	1.597	1.787	1.962	2.724	3.661	5.174
4	3.079	3.282	3.562	3.971	4.391	5.399	6.921
平均	1.400	1.543	1.725	1.964	2.611	3.619	5.099
平均增幅	12.77	4.20	2.36	1.52	0.85	0.63	0.53
最大增幅	28.09	8.93	4.88	3.08	1.42	0.94	0.73

表 6-13 不同孔隙压力作用时饱液煤样瓦斯渗透系数的试验结果 [电位：10^{-2} $cm^2/(atm \cdot s)$]

电位梯度/($V \cdot cm^{-1}$)	孔隙压力/MPa						
	0.5	1	1.5	2	3	4	5
0.5	0.977	0.315	0.176	0.133	0.111	0.107	0.108
1	1.940	0.571	0.294	0.194	0.141	0.123	0.117
2	4.211	1.095	0.541	0.334	0.206	0.155	0.141
4	8.707	2.250	1.079	0.676	0.332	0.229	0.188
平均	3.959	1.058	0.523	0.334	0.197	0.154	0.138
平均增幅	12.77	4.20	2.36	1.52	0.85	0.63	0.53
最大增幅	28.09	8.93	4.88	3.08	1.42	0.94	0.73

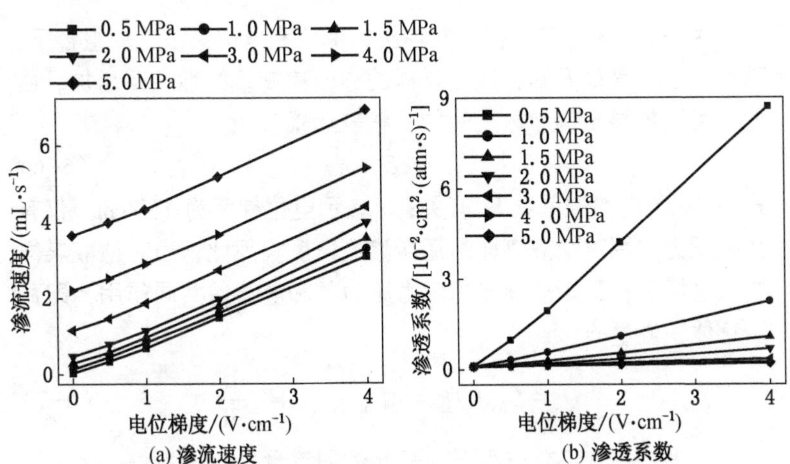

图 6-12 不同孔隙压力作用时饱液煤样的瓦斯渗流速度和渗透系数随电位梯度的变化曲线

由图 6-12 可知，随着电位梯度的升高，渗流速度和渗透系数呈增大趋势。对图 6-12a 中试验数据进行拟合，表达式见表 6-14。

表 6-14 饱液煤样瓦斯渗流速度与电位梯度关系拟合表达式

孔隙压力/MPa	拟合曲线方程	R^2
0.5	$v=0.769E-0.025$	0.9979
1	$v=0.791E+0.075$	0.9976
1.5	$v=0.828E+0.197$	0.9959
2	$v=0.884E+0.34$	0.9906
3	$v=0.82E+1.09$	0.9983
4	$v=0.806E+2.13$	0.9968
5	$v=0.828E+3.566$	0.997

由表 6-13 可知，在相同轴压、侧压和电解液浓度的组合下，随着电位梯度的升高，饱液煤样的渗流速度呈线性关系增加。由此，可以推导出两参数之间的一般表达式：

$$v = cE + d \tag{6-6}$$

式中，c 与电渗透系数 K_e 有关；d 表示电位梯度为 0 V/cm、仅有孔隙压力作用时饱液煤样的瓦斯渗流速度。因此，当对饱液煤样施加电场后，瓦斯的渗流速度由压力差和电势差共同作用，即瓦斯总体积流量 Q_t 为

$$Q_t = Q_h + Q_e = AK_h \frac{\mathrm{d}p}{\mathrm{d}L} + AK_e \frac{\mathrm{d}E}{\mathrm{d}L} \tag{6-7}$$

式中 Q_e——电势差作用下的瓦斯体积流量，mL/s。

2）不同体积应力下电位梯度的影响

孔隙压力为 0.5 MPa、体积应力为 4~28 MPa 和电解液浓度为 0.05 mol/L 组合下饱液煤样的瓦斯渗流速度和渗透系数的试验结果见表 6-15、表 6-16，其随电位梯度的变化曲线如图 6-13

所示。与相同轴压、侧压和电位梯度下干燥煤样的瓦斯渗流速度和渗透系数相比较，饱液煤样在体积应力为 16 MPa 前后的渗流速度和渗透系数变化不同，在体积应力 16、20、24 MPa 和 28 MPa时的渗流速度分别由 0.77 mL/s、0.65 mL/s、0.18 mL/s 和 0.11 mL/s 变为 0.49～2.39 mL/s、0.45～2.58 mL/s、0.34～2.84 mL/s 和 0.35～3.08 mL/s；渗透系数分别由 0.022 cm^2/(atm · s)、0.019 cm^2/(atm · s)、0.005 cm^2/(atm · s) 和 0.003 cm^2/(atm · s) 变为 0.014～0.068 cm^2/(atm · s)、0.013～0.073 cm^2/(atm · s)、0.0095～0.0803 cm^2/(atm · s) 和 0.0098～0.0871 cm^2/(atm · s)，平均增幅分别为 1.56 倍、1.91 倍、6.99 倍和 12.99 倍，最大增幅分别为 3.12 倍、3.94 倍、15.45 倍和 28.57 倍。并且渗流速度和渗透系数随电位梯度升高呈增大趋势。当体积应力小于 16 MPa 时，饱液煤样的渗流速度和渗透系数较干燥煤样降低，且随电电位梯度的升高呈增大趋势（图 6-13a、图 6-13b）。

表 6-15 不同体积应力作用时饱液煤样瓦斯渗透系数的试验结果

mL/s

电位梯度/($V \cdot cm^{-1}$)	体积应力/MPa						
	4	8	12	16	20	24	28
0.5	3.14	2.37	1.51	0.49	0.45	0.34	0.35
1	3.30	2.54	1.69	0.70	0.71	0.66	0.69
2	3.64	2.91	2.08	1.20	1.26	1.30	1.49
4	4.52	3.83	3.05	2.39	2.58	2.84	3.08
平均	3.65	2.91	2.08	1.19	1.25	1.28	1.40
平均增幅	0.47	0.51	0.95	1.56	1.91	6.99	12.77
最大增幅	0.58	0.67	1.40	3.12	3.94	15.45	28.09

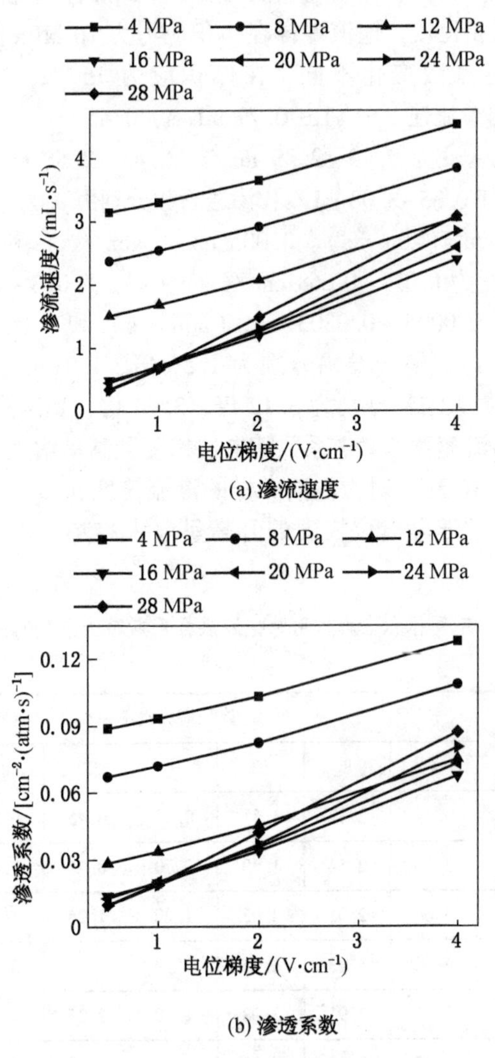

图 6-13　不同体积应力下饱液煤样的瓦斯渗流速度和渗透系数随电位梯度的变化

表 6-16 不同体积应力作用时饱液煤样瓦斯渗透系数的试验结果

$cm^2/(atm \cdot s)$

电位梯度/($V \cdot cm^{-1}$)	体积应力/MPa						
	4	8	12	16	20	24	28
0.5	0.0889	0.0671	0.0285	0.0138	0.0128	0.0095	0.0098
1	0.0933	0.0719	0.0337	0.0197	0.0202	0.0187	0.0194
2	0.1031	0.0824	0.0453	0.0338	0.0356	0.0367	0.0421
4	0.1278	0.1084	0.0750	0.0675	0.0730	0.0803	0.0871
平均	0.1033	0.0824	0.0456	0.0337	0.0354	0.0363	0.0396
平均增幅	0.47	0.51	0.95	1.56	1.91	6.99	12.99
最大增幅	0.58	0.67	1.40	3.12	3.94	15.45	28.57

6.3 煤瓦斯电动渗流方程的建立

6.3.1 煤瓦斯运动方程

结合达西定律和电渗理论，可得到考虑应力场和电场影响的饱液煤样的瓦斯运动方程：

$$\vec{v} = -e^{a(\theta-3bp)}\left[K_{0x}(1+\beta E_x)\frac{\partial P}{\partial x}\vec{i} + K_{0y}(1+\beta E_y)\frac{\partial P}{\partial y}\vec{j} + K_{0z}(1+\beta E_z)\frac{\partial P}{\partial z}\vec{z}\right] - \left[K_{ex}\frac{\partial E}{\partial x}\vec{i} + K_{ey}\frac{\partial E}{\partial y}\vec{j} + K_{ez}\frac{\partial E}{\partial z}\vec{z}\right] \tag{6-8}$$

式中 v——渗流速度；

K_0——渗透系数，与孔隙孔径有关；

K_e——电渗透系数，与孔隙表面电动电位 ξ 有关；

$\partial P/\partial n$——瓦斯在流动方向上的压力梯度；

$\partial E/\partial n$——瓦斯在流动方向上的电位梯度。

6.3.2 煤瓦斯流动的连续性方程

如果在煤中的某点取一体积元，根据质量守恒定律，用无穷

小量分析法可推得在单位时间内流入和流出体积元的瓦斯体积量差为

$$\Delta V=-\left(\frac{\partial q_x}{\partial x}+\frac{\partial q_y}{\partial y}+\frac{\partial q_z}{\partial z}\right)\mathrm{d}x\mathrm{d}y\mathrm{d}z \tag{6-9}$$

或写为

$$\Delta V=-(\nabla\cdot q)\mathrm{d}x\mathrm{d}y\mathrm{d}z \tag{6-10}$$

式中 q_i——沿 $i(i=x,\ y,\ z)$ 方向上的比流量，即煤体单位面积在单位时间内流过的瓦斯体积流量。

同时，比流量 $\vec{q}$ 与瓦斯渗流速度 $\vec{v}$ 有如下关系：

$$\vec{q}=\frac{\rho}{\rho_0}\vec{v} \tag{6-11}$$

式中 ρ_0——瓦斯在一个标准大气压时的密度；

ρ——压力等于 P 时瓦斯的密度。

6.3.3 煤瓦斯状态方程

由于瓦斯的压缩性比液体大得多，因此，应采用真实气体的状态方程 $\rho=P/ZRT$，并且由此可得

$$\frac{\rho}{\rho_0}=\frac{P}{P_0}\frac{Z_0T_0}{ZT} \tag{6-12}$$

式中 T——煤中瓦斯的绝对温度；

T_0——大气温度；

Z——煤层中瓦斯的压缩因子；

Z_0——一个大气压下瓦斯的压缩因子，一般取 1。

6.3.4 煤瓦斯含量方程

煤中的瓦斯含量由吸附瓦斯和游离瓦斯组成。如果将瓦斯作为真实气体，煤的孔隙率视为常数，由式（6-12）可求得煤中的游离瓦斯量为

$$Q_1=P\phi\left(\frac{T_0}{Z_aT_a}\right) \tag{6-13}$$

式中 ϕ——煤的孔隙率；

Z_a——煤温度在 T_a 时的压缩系数。

由于煤的孔隙率随着轴压的增加而改变，根据煤的孔隙率定义和煤在应力作用下骨架的体积改变，可求得随应力改变的煤的孔隙率 ϕ_1，即

$$\phi_1 = 1 - (1 - m_0)\exp(\beta_1 \Delta\sigma) \tag{6-14}$$

式中 m_0——无载荷作用时煤的孔隙率；

$\Delta\sigma$——有效应力改变量；

β_1——煤的体积压缩系数。

因此，考虑煤孔隙率变化的煤层游离瓦斯量可表示为

$$Q_1 = P\left(\frac{T_0}{Z_a T_a}\right)[1 - (1 - m_0)\exp(\beta_1 \Delta\sigma)] = P\phi_1\left(\frac{T_0}{Z_a T_a}\right) \tag{6-15}$$

由修正后的 Langmuir 模型可求得吸附瓦斯量 Q_2，即

$$Q_2 = \frac{ab'\rho_c}{1 + b'P}(1 - A - B)P \tag{6-16}$$

式中：$b' = b_0\exp\left(\frac{q}{RT}\right)\exp\left(\frac{\beta E}{RT}\right)$；$a$ 为饱和吸附常数；ρ_c 为煤体容积；A、B 分别为煤中灰分和水分,%。

因此，单位体积煤体中瓦斯总含量为

$$Q = Q_1 + Q_2 = P\phi_1\left(\frac{T_0}{Z_a T_a}\right) + \frac{ab'\rho_c}{1 + b'P}(1 - A - B)P \tag{6-17}$$

6.3.5 煤瓦斯电动渗流方程

将式（6-11）、式（6-12）分别代入式（6-10），并令 $T = T_a$，有

$$\Delta V = -\left[\nabla\left(\frac{P}{P_0}\frac{Z_0 T_0}{Z_a T_a}\right)\vec{v}\right]\mathrm{d}x\mathrm{d}y\mathrm{d}z \tag{6-18}$$

将式（6-8）代入式（6-18），整理得

$$\Delta V = -\frac{Z_0 T_0}{P_0}\left\{\nabla \cdot \left[\frac{P}{Z_a T_a}[(\nabla P \cdot \vec{K}(\sigma, E) + \nabla E \cdot \vec{K}_e(\sigma))]\right]\right\} \mathrm{d}x\mathrm{d}y\mathrm{d}z \tag{6-19}$$

针对式（6-17），在单位时间内，体积为 $\mathrm{d}x\mathrm{d}y\mathrm{d}z$ 的体积元中瓦斯总含量对时间 t 的变化率为

$$\frac{\partial Q}{\partial t}\mathrm{d}x\mathrm{d}y\mathrm{d}z = \frac{\partial}{\partial t}\left[P\phi_1\left(\frac{T_0}{Z_a T_a}\right) + \frac{ab'\rho_c}{1+b'P}(1-A-B)P\right] \cdot \mathrm{d}x\mathrm{d}y\mathrm{d}z \tag{6-20}$$

根据质量守恒定律，式（6-19）与式（6-20）左右两边应对应相等。因此，有

$$\nabla \cdot \{P[(\nabla P \cdot \vec{K}(\sigma, E) + \nabla E \cdot \vec{K}_e(\xi))]\} = \frac{P_0 Z_a T_a}{T_0}\frac{\partial}{\partial t} \cdot \left[P\phi_1\left(\frac{T_0}{Z_a T_a}\right) + \frac{ab'\rho_c}{1+b'P}(1-A-B)P\right] \tag{6-21}$$

式（6-21）即为应力场与电化学场共同作用下的煤瓦斯电动渗流方程。

6.4 电化学强化煤瓦斯渗流机理分析

电化学强化煤瓦斯渗流的机理主要为电渗驱动作用。由于煤表面带负电荷，在煤体孔裂隙的电解液中会形成双电层，外加电场时双电层中的孔隙水会向阴极移动，驱赶孔裂隙中的瓦斯运移。当电渗方向与孔隙压力方向一致时，瓦斯在渗流过程中会增加由电渗作用引起的电渗速度，而且电渗速度与电势差大小呈正比。

通过式（6-7）可计算得到不同电位梯度作用时煤样的瓦斯体积流量 Q_e：

$$Q_e = Q_t - Q_h \tag{6-22}$$

结合电渗理论可得到电势差作用下的电渗透系数的计算

公式：

$$K_e = \frac{Q_e L}{AE} \tag{6-23}$$

煤样在轴压 10 MPa、侧压 9 MPa 组合下，孔隙压力 0.5~5 MPa 时不同电位梯度作用下的电渗透系数计算结果见表 6-17。由表 6-17 可以看出，相同孔隙压力下煤样的电渗透系数基本相同，随着电位梯度的升高，相同孔隙压力下煤样的电渗透系数呈上升趋势。

表 6-17　不同孔隙压力饱液煤样的电渗透系数计算结果

$cm^2/(V \cdot s)$

电位梯度/($V \cdot cm^{-1}$)	孔隙压力/MPa						
	0.5	1	1.5	2	3	4	5
0.5	0.2064	0.2149	0.1926	0.2090	0.2085	0.2114	0.2267
1	0.2189	0.2343	0.2285	0.2260	0.2395	0.2358	0.2301
2	0.2457	0.2470	0.2529	0.2525	0.2659	0.2473	0.2595
4	0.2579	0.2665	0.2772	0.2968	0.2744	0.2712	0.2781
平均	0.2322	0.2407	0.2378	0.2461	0.2471	0.2414	0.2486

参 考 文 献

[1] 齐庆新，季文博，元继宏，等．底板贯穿型裂隙现场实测及其对瓦斯抽采的影响［J］．煤炭学报，2014，39（8）：1552-1558.

[2] 张德江．大力推进煤矿瓦斯抽采利用［J］．求是杂志，2009（24）：3-5.

[3] 袁亮，秦勇，程远平，等．我国煤层气矿井中-长期抽采规模情景预测［J］．煤炭学报，2013，38（4）：529-534.

[4] 袁亮，薛俊华，张农，等．煤层气抽采和煤与瓦斯共采关键技术现状与展望［J］．煤炭科学技术，2013，41（9）：6-11，17.

[5] 袁亮．卸压开采抽采瓦斯理论及煤与瓦斯共采技术体系［J］．煤炭学报，2009，34（1）：1-8.

[6] 冯杰，刘杰修，陈杰．洗煤厂精煤仓瓦斯燃烧浅析［J］．煤矿安全，2006（3）：52-53.

[7] 康天合．一种电化学强化煤瓦斯解吸渗流的方法［P］．中国，ZL201110130935. 8，2013. 05. 08.

[8] Moffat D H，Weale K F. Sorption by coal of methane at high pressure［J］. Fuel，1955，34：417-428.

[9] 陈昌国，魏锡文，鲜学福．用从头计算研究煤表面与甲烷分子相互作用［J］．重庆大学学报，2000，23（3）：77-79.

[10] 聂百胜，段三明．煤吸附瓦斯的本质［J］．太原理工大学学报，1998，29（4）：417-421.

[11] 降文萍，崔永君，张群，等．煤表面与 CH_4 和 CO_2 相互作用的量子化学研究［J］．煤炭学报，2006（2）：237-240.

[12] Yang R T，Saunders JT. Adsorption of gases on coals and heat-treated coals at elevated temperature and pressure：1. adsorption from hydrogen and methane as single gases［J］. Fuel，1985，64：616-620.

[13] Nodzeriski A. Sorption and desorption of gases on hard coal and active carbon at elevated pressures［J］. Fuel，1998（11）：1243-1246.

[14] 艾鲁尼．煤矿瓦斯动力现象的预测和预防［M］．唐修义，宋德淑，王荣龙，译．北京：煤炭工业出版社，1992.

[15] 陈昌国，鲜晓红，张代钧，等．微孔充填理论研究无烟煤和炭对甲烷

的吸附特性 [J]. 重庆大学学报, 1998, 21 (2): 75-79.

[16] Clarkson CR. Adsorption potential theories to coal methane adsorption isotherms at elevated temperature and pressure [J]. Carbon, 1997, 35: 1689-1705.

[17] Laxminarayana C H, Crosdale P J. Modeling methane adsorption isotherms using pore filling models: a case study on India coals [C]. International Coalbed Methane Symposium, 1999a: 117-128.

[18] 赵志根, 唐修义. 对煤吸附甲烷的 Langmuir 方程的讨论 [J]. 焦作工学院学报, 2002, 21 (1): 1-4.

[19] 苏现坡, 张丽萍, 林晓英. 煤阶对煤的吸附能力的影响 [J]. 天然气工业, 2005, 25 (1): 19-21.

[20] Crosdale P J, Beamish B B, Valix M. Coalbed methane sorption related to coal composition [J]. International Journal of Coal Geology, 1998, 35: 147-158.

[21] Jouber J I, Grein C T, Bienstock D. Sorption of methane in moist coal [J]. Fuel, 1973, 52 (3): 181-185.

[22] Jouber J I, Grein C T, Bienstock D. Effect of moisture on the methane capacity of American coals [J]. Fuel, 1974, 53: 186-191.

[23] Laxminarayana C, Crosdale P J. Role of coal type and rank on methane sorption characteristics of Bowen Basin Australia coals [J]. International Journal of Coal Geology, 1999, 40: 309-325.

[24] 张天军, 徐鸿杰, 李树刚, 等. 温度对煤吸附性能的影响 [J]. 煤炭学报, 2009, 34 (6): 802-805.

[25] 何学秋. 交变电磁场对煤瓦斯吸附特性的影响 [J]. 煤炭学报, 1996, 21 (1): 63-67.

[26] 杜云贵, 地球物理场中煤层瓦斯吸附、渗流特性研究 [D]. 重庆: 重庆大学, 1993.

[27] 于永江, 张春会, 王来贵. 超声波干扰提高煤层气抽放率的机理 [J]. 辽宁工程技术大学学报 (自然科学版), 2008, 27 (6): 805-808.

[28] Hao Shixiong, Wen Jie, Yu Xiaopeng, et al. Effect of the surface oxygen groups on methane adsorption on coals [J]. Applied Surface Science,

2013, 264: 433-442.

[29] Contreras M, Lagos G, Escalona N, et al. On the methane adsorption capacity of activated carbons: in search of a correlation with adsorbent properties [J]. J Chem Technol Biotechnol, 2009, 84 (11): 1736-1741.

[30] Rodriguez-Reinoso F, Molina-Sabio M, Muiiecas M A. Effect of microporosity and oxygen surface groups of activated carbon in the adsorption of molecules of different polarity [J]. J. Phs. Chem, 1992, 96: 2707-2713.

[31] 何学秋，聂百盛．孔隙气体在煤层中扩散的机理 [J]. 中国矿业大学学报，2001, 30 (1): 1-4.

[32] Sevenster P G. Diffusion of Gases through Coal [J]. Fuel, 1959, 38 (1): 403-418.

[33] Smith D M, Williams F. Diffusion Models for Gas Production from Coals [J]. Fuel, 1984, 63 (2): 251-255.

[34] 杨其銮，王佑安．煤屑瓦斯扩散理论及其应用 [J]. 煤炭学报，1986 (3): 87-94.

[35] Smith D M, Williams F L. Diffusional effects in the recovery of methane from coalbeds [J]. Soc. Pet. Eng. J., 1984, 24 (5): 529-535.

[36] Nandi, Walker. Activated diffusion of methane in coal [J]. Fuel, 1970, 49 (3): 309-323.

[37] Bielicki, Perkins, Kissell. Methane diffusion parameters for sized coal particles: a measuring apparatus and some preliminary results [M]. Washington D. C.: U. S. Dept. of Interior: Bureau of Mines, 1972.

[38] Crank J. Mathenatics of diffusion [M]. London: Oxford University Press, 1975.

[39] 渡边伊温，辛文．关于煤的瓦斯解吸特征的几点考察 [J]. 煤矿安全，1985 (4): 52-60.

[40] Pillalamarry M, Harpalani S, Liu S. Gas diffusion behavior of coal and its impact on production from coalbed methane reservoirs [J]. International Journal of Coal Geology, 2011, 82: 342-348.

[41] 杨其銮，王佑安．煤屑瓦斯扩散理论及其应用 [J]. 煤炭学报，1986, 3: 87-93.

[42] Airey EM. Gas emission from broken coal：An experimental and theoretical investigation [J]. International Journal of Rock Mechanics and Mining Sciences，1968 (5)：475-494.

[43] Bertand C，Bruyet B，Gunther J. Determination of desorbable gas concentration of coal (direct method) [J]. International Journal of Rock Mechanics and Mining Sciences，1970 (7)：43-65.

[44] 杨其銮，王佑安. 甲烷球向流动的数学模拟 [J]. 中国矿业大学学报，1988 (3)：55-61.

[45] Banerjee B D. Spacing of fissuring network and rate of desorption of methane from coals [J]. Fuel，1988，60 (11)：1584-1586.

[46] Baker-Read G. R. Gas emission from coal and associated strata：interpretation of quantity sorption kinetic characteristics [J]. Mining Science and Technology，1989 (8)：263-284.

[47] Siemons N，Delft TU，Bruining H，et al. Assessing the kinetics and capacity of gas adsorption in coals by a combined adsorption/diffusion method [C]. Society of Petroleum Engineers，2003：1-5.

[48] Busch A，Gensterblum Y，Krooss B M，et al. Methane and carbon dioxide adsorption-diffusion experiments on coal：upscaling and modeling [J]. International Journal of Coal Geology，2004，60：151-168.

[49] Gruszkiewicz M S，Naney M T，Blencoe J G.，et al. Adsorption kinetics of CO_2，CH_4，and their equimolar mixture on coal from the Black Warrior Basin，West-Central Alabama [J]. International Journal of Coal Geology，2009 (77)：23-33.

[50] 杨其銮. 关于煤屑瓦斯放散规律的试验研究 [J]. 煤矿安全，1987，2：10-16.

[51] 富向，王魁军，杨天鸿. 构造煤的瓦斯放散特征 [J]. 煤炭学报，2008，33 (7)：775-779.

[52] 李云波，张玉贵，张子敏，等. 构造煤瓦斯解吸初期特征实验研究 [J]. 煤炭学报，2013，38 (1)：15-20.

[53] 聂百胜，杨涛，李祥春，等. 煤粒瓦斯解吸扩散规律实验 [J]. 中国矿业大学学报，2013，42 (6)：975-981.

[54] 李志强，段振伟，景国勋. 不同温度下煤粒瓦斯扩散特性试验研究与

数值模拟［J］. 中国安全科学学报，2012，22（4）：38-42.

［55］Pan Z，Connell L D，Camilleri M，et al. Effects of matrix moisture on gas diffusion and flow in coal［J］. Fuel，2010，89（11）：3207-3217.

［56］周世宁，孙辑正. 煤层瓦斯流动理论及其应用［J］. 煤炭学报，1965，2（1）：24-36.

［57］郭勇义. 煤层瓦斯一维流场流动规律的完全解［J］. 中国矿业学院学报，1984，2（2）：19-28.

［58］谭学术. 矿井煤层真实瓦斯渗流方程的研究［J］. 重庆建筑工程学院学报，1986（1）：106-112.

［59］孙培德. 煤层瓦斯动力学的基本模型［J］. 西安矿业学院学报，1989，2：7-13.

［60］孙培德. 煤层瓦斯流场流动规律的研究［J］. 煤炭学报，1987，12（4）：74-82.

［61］赵阳升. 煤体—瓦斯耦合数学模型及数值解法［J］. 岩石力学与工程学报，1994，13（3）：229-239.

［62］骆祖江，张珍. 水气二相渗流耦合模型及其应用［J］. 水文地质工程地质，2004，3：51-54.

［63］Somerton W H. Effect of stress on permeability of coal［J］. Int. J. Rock. Meck. Mech. Min. Sci，1975，12（2）：151-158.

［64］Harpalani，MePherson M J. Effect of stress on Permeability of Coal［A］. In：the 26th US SylllPosium on Rock Mechanics Rapid City，South Dakota：South Dakota School of Mines and Technology，1985.

［65］Harpalani. Gas flow through stressed coal［D］. University of California，Berkeley，1985.

［66］唐巨鹏，潘一山，李成全，等. 有效应力对煤层气解吸渗流试验研究［J］. 岩石力学与工程学报，2006，25（8）：1563-1568.

［67］胡耀青，赵阳升，杨栋，等. 温度对褐煤渗透性影响的试验研究［J］. 岩石力学与工程学报，2010，29（8）：1585-1590.

［68］冯子军，万志军，赵阳升，等. 高温三轴应力下无烟煤、气煤煤体渗透特性的试验研究［J］. 岩石力学与工程学报，2010，29（4）：689-696.

［69］王宏图，李晓红，鲜学福，等. 地电场作用下煤中甲烷气体渗流性质

的实验研究［J］. 岩石力学与工程学报，2004，22（2）：303-306.
［70］严家平，李建楼. 声波作用对煤体瓦斯渗透性影响的实验研究［J］. 煤炭学报，2010，35：81-85.
［71］Gray I. Reservoir engineering in coal seams：Part 1-The physical process of gas storage and movement in coal seams［J］. SPE Reservoir Engineering，1987：28-34.
［72］傅雪海，李大华，秦勇. 煤基质收缩对渗透率影响的实验研究［J］. 中国矿业大学学报，2002，31（2）：129-131.
［73］Shen J，Qin Y，Wang G. X. Relative permeability of gas and water for different rank coal［J］. International Journal of Coal Geology，2011，86：266-275.
［74］钱鸣高，许家林. 覆岩采动裂隙分布的"O"形圈特征研究［J］. 煤炭学报，1998，23（5）：466-469.
［75］袁亮，刘泽功. 淮南矿区开采煤层顶板抽放瓦斯技术的研究［J］. 煤炭学报，2003，28（2）：149-152.
［76］张景立. 突出危险采煤工作面消突试验研究［J］. 煤炭科学技术，2009，37（3）：38-40.
［77］刘明举，孔留安，郝富昌，等. 水力冲孔技术在严重突出煤层中的应用［J］. 煤炭学报，2005，30（4）：451-454.
［78］刘彦伟，任培良，夏仕，等. 水力冲孔措施的卸压增透效果考察分析［J］. 河南理工大学学报（自然科学版），2009，28（6）：695-699.
［79］冯文军，苏现波，王建伟，等."三软"单一煤层水力冲孔卸压增透机理及现场试验［J］. 煤田地质与勘探，2015，43（1）：100-103.
［80］卢义玉，宋晨鹏，刘勇，等. 水射流促进煤基质收缩提高煤层透气性机理分析［J］. 重庆大学学报，2011，34（4）：21-23.
［81］段康廉，冯增朝，赵阳升，等. 低渗透煤层钻孔与水力割缝瓦斯排放的实验研究［J］. 煤炭学报，2002，27（1）：50-53.
［82］林柏泉，孟凡伟，张海宾. 基于区域瓦斯治理的钻割抽一体化技术及应用［J］. 煤炭学报，2011，36（1）：75-79.
［83］沈春明，林柏泉，吴海进. 高压水射流割缝及其对煤体透气性的影响［J］. 煤炭学报，2011，36（12）：2058-2063.
［84］维里奇斯基 АБ，安志雄. 采用水力压裂强化煤层瓦斯抽放的远景

[J]. 煤矿安全，1989（9）：51-53.

[85] 林柏泉，李子文，翟成，等．高压脉动水力压裂卸压增透技术及其应用 [J]. 采矿与安全工程学报，2011，28（3）：452-455.

[86] 郭红玉．基于水力压裂的煤矿井下瓦斯抽采理论与技术 [D]. 焦作：河南理工大学，2011.

[87] 张国华，梁冰，毕业武．水的后置侵入对瓦斯解吸影响试验研究 [J]. 安全与环境学报，2010（6）：1321-1322.

[88] 曹树刚，李勇，刘延保，等．深孔控制预裂爆破对煤体微观结构的影响 [J]. 岩石力学与工程学报，2009，28（4）：673-678.

[89] 刘健，刘泽功，高魁．深孔爆破在综放开采坚硬顶煤预先弱化和瓦斯抽采中的应用 [J]. 岩石力学与工程学报，2014，33（增 1）：3361-3367.

[90] Mazzotti M，Pini R，Storti G. Enhanced coalbed methane recovery [J]. Journal of Supercritical Fluids，2009，47：619-627.

[91] 易俊，鲜学福，姜永东，等．煤储层瓦斯激励开采技术及其适应性 [J]. 中国矿业，2005，14（12）：26-29.

[92] Lalvani S，Pata M，Coughlin R W. Sulphur removal from coal by electrolysis [J]. Fuel，1983（62）：427-437.

[93] 刘旭光，李静，巩志坚，等．孝义煤电化学脱硫研究 I．电解体系的研究 [J]. 燃料化学学报，1997，25（2）：124-129.

[94] 刘旭光，李静，巩志坚，等．孝义煤电化学脱硫研究 Ⅱ．碱性体系中的脱硫规律 [J]. 燃料化学学报，1997，25（3）：234-237.

[95] 刘旭光，李静，巩志坚，等．孝义煤电化学脱硫研究 Ⅲ．电化学还原脱硫行为 [J]. 燃料化学学报，1997，25（4）：363-367.

[96] 董宪姝，胡晓洁，屈文山，等．碱性电解质煤电化学强化浮选脱硫最佳工艺条件的研究 [J]. 太原理工大学学报，2009，40（1）：35-42.

[97] 孙成功，李保庆．煤净化技术的新进展：电化学制氢与煤的温和净化 [J]. 煤炭转化，1992（3）：6-15.

[98] Lockhart N C. Sedimentation and electro - osmotic dewatering of coal - washery slimes [J]. Fuel，1981，60：919-923.

[99] Lockhart N C. Electro-osmotic dewatering of coal froth flotation concentrates [J]. Fuel 1982，61：780-781.

[100] Sami S, Davis P K, Smith J G, et al. electoosmostically enhanced dewatering/deliquoring of fine - partical coal [R]. U. S. Department of Energy, 1990.

[101] Kuh S E, Kim D S. Effects of surface chemical and electrochemical factors on the dewatering characteristics of fine particle slurry [J]. Journal of environmental science and health. 2004, 39 (8): 2157-2182.

[102] Dong Xianshu, Hu Xiaojie, Yao Suling, et al. vacuum filter and direct current electroosmosis dewatering of fine coal slurry [J]. Proceia Earth and Planetary Science, 2009: 685-693.

[103] Casagrande I L. Full-scale experiment to increase bearing capacity of piles by electrochemical treatment [J]. Bautechnique, 1937, 15 (1): 14-16.

[104] Casagrande I L. Electroosmosis in soils [J]. Geotechnique, 1949, 1 (3): 166-168.

[105] 王东. 物化型软岩电化学改性机理研究 [D]. 太原: 太原理工大学, 2010.

[106] Dong Wang, Tianhe Kang, Wenmei Han. Electrochemical modification of tensile strength and pore structure [J]. Int. J. Rock Mech. Min. Sci, 2011, 48 (4): 687-692.

[107] Markby R E, Sternberg H W, Wender I. Extensive reduction of coal by a new electrochemical method [J]. Nature, 1963 (4897): 997.

[108] 王志忠, 刘旭光. 煤电化学液化的可能 [J]. 煤化工, 1992 (2): 45-48.

[109] Li Baoqing. Effect of electroreduction pretreatment in aqueous media on hydropyrolysis of a bituminous coal [J]. Division of Petroleum, 1990, 200: 967-974.

[110] Coughlin R W, Farooque M. Hydrogen production from coal, water and electrons [J]. Nature, 1979 (279): 301-303.

[111] Farooque M, Coughlin R W. Electrochemical gasification of coal (investigation of operating conditions and variables) [J]. Fuel, 1979 (58): 705-712.

[112] Coughlin R W, Farooque M. Electrochemical gasification of coal-simulta-

neous production of hydrogen and carbon dioxide by a single reaction involving coal, water, and electrons [J]. Ind. Eng. Chem. Process, 1980 (19): 211-219.

[113] Coughlin R W, Farooque M. Consideration of electrodes and electrolytes for electrochemical gasification of coal by anodic oxidation [J]. Journal of applied electrochemistry, 1980 (10): 729-740.

[114] Coughlin R W, Farooque M. Thermodynamic, kinetic, and mass balance aspects of coal - depolarized water electrolysis [J]. Ind. Eng. Chem. Process, 1982 (21): 559-564.

[115] 郭鹤桐，刘昭林，唐致远．煤炭有效利用的新方法—煤的电解氧化 [J]. 化工进展，1989 (4): 48-52.

[116] 郭鹤桐，唐致远，刘昭林．煤电化学氧化的研究 [J]. 天津大学学报，1990 (2): 15-22.

[117] Anbah A S. Use of direct electrical current for increasing the flow rate of reservoir fluids during petroleum recovery [D]. Los Angeles: Univ. South. Calif, 1963.

[118] Chilingar G. V, E1-Nassir A, Stevens R G.. Effect of direct electrical current on permeability of sandstone cores [J]. Journal of petroleum technology, 1970: 830-836.

[119] Aggour M A, Tchelepi H A, A1-Yousef H Y. Effect of electroosmosis on relative permeabilities of sandstones [J]. Journal of petroleum science and engineering, 1994, 11: 91-102.

[120] 关继腾，陈月明，王玉斗．直流电动-水动力驱油机理研究 [J]. 石油大学学报，2000, 24 (5): 23-27.

[121] 张继红，岳湘安，杨晶，等．直流电场对水驱油藏油水相对渗透率的影响研究 [J]. 电化学，2005, 11 (2): 215-218.

[122] Wittle J K, Hill D G., Chilingar G. V. Direct electric current oil recovery (EEOR) —a new approach to enhancing oil production [J]. Energy Sources, Part A, 2011, 33: 805-822.

[123] Titus C H, Wittle J K, Bell C W. Apparatus for passing electrical current through an underground formation [P]. US, US4495990, 1985.

[124] 霍多特．煤与瓦斯突出 [M]. 宋世钊，王佑安，译．北京：中国工

业出版社，1996.

[125] Pfeifer P，Avnir D. Chemistry in non integer dimensions between 2 and 3，I：fractal theory of heterogenous surface [J]. J Chem Phys，1983，79（7）：3558-3565.

[126] Avnir D，Jaroniec M. An isotherm equation for adsorption on fractal surfaces of heterogenous porous materials [J]. Langmuir，1989，5：1431-1433.

[127] Frisen W I，Mikula R J. Fractal dimensions of coal particles [J]. Journal of Colloid Interface Science，1987，120（1）：263-271.

[128] Bond R L. Capillary structure of coals [J]. Nature，1956，4524，104-105.

[129] Herrera L F，Junpirom S，Do D D，et al. Computer synthesis of char and its characterization [J]，Carbon，2009（47）：839-849.

[130] Close J. Natural fractures in coal. In：Law，B. E.，Rice，D. D.（Eds.），Hydrocarbons from Coal. AAPG Studies in Geology，1993，38：119-132.

[131] Su X，Feng Y，Chen J，et al. The characteristics and origins of cleat in coal from Western North China [J]. International Journal of Coal Geology，2001，47：51-62.

[132] 张慧，李小彦，郝琦，等．中国煤的扫描电子显微镜研究 [M]. 北京：地质出版社，2003.

[133] Karacan C O，Mitchell G D. Behavior and effect of different coal microlithotypes during gas transport for carbon dioxide sequestration into coal seams [J]. International Journal of Coal Geology，2003，53：201-207.

[134] Mandelbrot B B. Fractal Geometry of Nature [M]，San Francsco，1982.

[135] Sakellariou N. On the Fractal Character of Rock Surfaces [J]. Int. J. Rock Mech. & Geomech. Abstr. 1991，28（6）：527-533.

[136] Pointe P R. A Method to Characterize Fracture Density and Connectivity Through Fractal Geometry [J]. Int. J. Rock Mech. & Geomech. Abstr，1988，25（6）：421-429.

[137] 谢和平，陈至达．分形（fractal）几何与岩石断裂 [J]. 力学学报，1988，20（3）：264-271.

[138] 谢和平．地质材料力学中的分形几何现象 [J]. 力学与实践，1990，

12（4）：1-9.

[139] 谢和平，Pariseau W G. 岩爆的分形特征和机理［J］. 岩石力学与工程学报，1993，12（1）：28-37.

[140] 康天合，赵阳升，靳钟铭. 煤体裂隙尺度分布的分形研究［J］. 煤炭学报，1995，20（4）：393-398.

[141] 谢克昌. 煤的结构与反应性［M］. 北京：科学出版社，2002.

[142] Eversole W G，Boardman W W. The effect of electrostatic forces on electrokinetic potentials［J］. The Journal of Chemical Physics，1941.

[143] Farooque M，Kush A，Maru H，et al. Low severity coal conversion by an electroreduction route［J］. Journal of applied electrochemistry，1991，21：143-150.

[144] 张国华，梁冰，侯凤才，等. 不同质量分数渗透剂溶液侵入对瓦斯解吸影响的实验［J］. 重庆大学学报，2013，36（5）：107-112.

[145] 卢义玉，杨枫，葛兆龙，等. 清洁压裂液与水对煤层渗透率影响对比试验研究［J］. 煤炭学报，2015，40（1）：93-97.

[146] 谢和平，周宏伟，薛东杰，等. 我国煤与瓦斯共采：理论，技术与工程［J］. 煤炭学报，2014，39（8）：1391-1397.

[147] Masszi D. Cavity stress-relief method for recovering methane from coal seams［J］. Rocky Mountain Association of Geologists，1991，149-154.

[148] Clarkson C R，Bustin R M. The effect of pore structure and gas pressure upon the transport properties of coal：a laboratory and modeling study. 1. Isotherms and pore volume distributions［J］. Fuel，1999a，78（11）：1333-1344.

[149] Clarkson C R，Bustin R M. The effect of pore structure and gas pressure upon the transport properties of coal：a laboratory and modeling study. 2. Adsorption rate modeling［J］. Fuel，1999b，78：1345-1362.

[150] Ruckenstein E，Vaidyanathan A S，Youngquist G R. Sorption by solids with bidisperse pore structures［J］. Chem. Eng. Sci，1971，26：1305-1318.

[151] Laubach，S. E.，Marrett，R. A.，Olsen，J. E.，et al. Characteristics and origins of coal cleat：a review［J］. Int. J. Coal Geol，1998，35

(1/4)：175-207.

[152] Friesen W I，Mikula R J. Mercury porosimetry of coals：pore volume distribution and compressibility [J]. Fuel，1988，67：1516-1520.

[153] Zwietering P，Krevelen D W. Chemical structure and properties of coal IV Pore structure [J]. Fuel，1954：33，331.

[154] Moffat D H，Weale K E. Sorption by coal of methane at high pressures [J]. Fuel，1955，54：449-462.

[155] Zhao Z，Tang X. Discussion about Langmuir equation concerning methane adsorption by coal [J]. J. Jiaozuo Inst. Technol，2002，21 (1)：1-4.

[156] Zhang X，Sang S，Qin Y，et al. Isotherm adsorption of coal samples with different grain size [J]. J. China Univ. Min. Technol，2005，34 (4)：427-432.

[157] Airey E M. Gas emission from broken coal：an experimental and theoretical investigation [J]. Int. J. Rock Mech. Min. Sci. 1968，5 (6)：475-494.

[158] 何学秋. 孔隙气体在煤层中扩散的机理 [J]. 中国矿业大学学报，2001，30 (1)：1-4.

[159] Charriere D，Pokryszka Z，Behra P. Effect of pressure and temperature on diffusion of CO_2 and CH_4 into coal from Lorraine basin (France) [J]. Int. J. Coal Geol. 2010，81 (4)：373-380.

[160] Wu J. Thermology Statistical Physics [M]. Northwestern Polytechnical University Press，Beijing，2001：49.

[161] Winter K，Janas H. Gas emission characteristics of coal and methods of determining the desorbale gas content by means of desorbmeters [R]. In：14th International Conference of Coal Mine Safety Research，1996.

[162] Du，B. The initial gas desorption rate as an index of burst of coal and gas：about the parameter of Kt [J]. Saf. Coal Mines，1985，5：56-63.

[163] Xue G，Liu H，Li W. Deformed coal types and pore characteristics in Hancheng coalmines in Eastern Weibei coalfields [J]. Int. J. Min. Sci. Technol. 2012，22：681-686.

[164] Williams R J，Weissmann J J. Gas emission and outburst assessment in mixed CO_2 and CH_4 environments [J]. In：Proc. ACIRL Underground

Mining Sem. Australian Coal Industry Res. Lab., North Ryde, 1995：12.

[165] 赵东，冯增朝，赵阳升．高压注水对煤体瓦斯解吸特性影响的试验研究［J］. 岩石力学与工程学报，2011，30（3）：547-555.

[166] Fuerstenau D W, Rosenbaum J M, You Y S. Electrokinetic behavior of coal [J]. Energy & Fuels, 1988 (2): 241-245.

[167] 陈宗淇，王光信，徐桂英．胶体与界面化学［M］. 北京：高等教育出版社，2001.

[168] Li S X. Experimental studies of electrokinetic phenomena in brine-saturated porous materials [D]. University of Massachusetts Amherst, 1996.

[169] 冯增朝．低渗透煤层瓦斯强化抽采理论及应用［M］. 北京：科学出版社，2008.

[170] 赵阳升，胡耀青，杨栋，等．三维应力下吸附作用对煤岩体吸附气体渗流规律影响的试验研究［J］. 岩石力学与工程学报，1999，18（6）：651-653.

[171] 尹光志，李小双，赵洪宝，等．瓦斯压力对突出煤瓦斯渗流影响试验研究［J］. 岩石力学与工程学报，2009，28（4）：697-702.

图书在版编目（CIP）数据

电化学强化煤瓦斯解吸渗流基础理论／郭俊庆著．--北京：煤炭工业出版社，2019

ISBN 978-7-5020-7382-4

Ⅰ．①电…　Ⅱ．①郭…　Ⅲ．①电化学—应用—瓦斯渗透—研究　Ⅳ．①TD712

中国版本图书馆 CIP 数据核字(2019)第 057279 号

电化学强化煤瓦斯解吸渗流基础理论

著　　者　郭俊庆
责任编辑　尹燕华　徐　武
责任校对　邢蕾严
封面设计　安德馨

出版发行　煤炭工业出版社（北京市朝阳区芍药居 35 号　100029）
电　　话　010-84657898（总编室）　010-84657880（读者服务部）
网　　址　www.cciph.com.cn
印　　刷　北京虎彩文化传播有限公司
经　　销　全国新华书店

开　　本　850mm×1168mm $^{1}/_{32}$　**印张**　$7^{1}/_{8}$　**字数**　181 千字
版　　次　2019 年 11 月第 1 版　2019 年 11 月第 1 次印刷
社内编号　20192137　**定价**　32.00 元